From Heavy-type Wear
to Light-type Wear

从重装到轻装

——近现代中法女装
样式结构比较

Comparison of
Style & Structures
of Women's Costumes

between China and France
in Recently and Modern Society

臧迎春 著

中国纺织出版社

内 容 提 要

本书对近现代中法女装的样式、结构进行深入分析和比较，展示了双方从"重装"到"轻装"殊途同归的发展脉络，发掘中西方服饰的文化价值，以此对中国服饰文化的发展前景展开思考，探寻全球化市场条件下中国女装产业的发展战略和发展途径。

图书在版编目（CIP）数据

从重装到轻装：近现代中法女装样式结构比较／臧迎春著. --北京：中国纺织出版社，2014.8
ISBN 978-7-5180-0071-5

Ⅰ.①从… Ⅱ.①臧… Ⅲ.①女服—对比研究—中国、法国—近现代 Ⅳ.①TS941.717

中国版本图书馆CIP数据核字（2013）第234490号

责任编辑：杨美艳　　特约编辑：黄　月　　责任校对：梁　颖
责任设计：何　建　　责任印制：储志伟

中国纺织出版社出版发行
地址：北京市朝阳区百子湾东里A407号楼　邮政编码：100124
销售电话：010—87155894　传真：010—87155801
http：//www.c-textilep.com
E-mail：faxing@c-textilep.com
官方微博http：//weibo.com/2119887771
北京佳信达欣艺术印刷有限公司印刷　各地新华书店经销
2014年8月第1版第1次印刷
开本：889×1194　1/16　印张：16
字数：200千字　定价：58.00元

凡购本书，如有缺页、倒页、脱页，由本社图书营销中心调换

序一

　　1996 年，臧迎春开始跟随我攻读硕士研究生，研究方向是"中西方服饰文化比较研究"。为了进行这项研究，她广泛涉猎东西方的哲学、美学、艺术史、设计史、生活方式、消费文化、服装设计、服装工艺等，为研究的展开打下了扎实的基础。在大量文化研究和东西方典型服装样式复制研究的基础上，她完成了《中西方连体式女装造型比较》的硕士论文并出版，这是国内较早出版的对于东西方服饰文化进行系统比较的专著，得到了较广泛的社会关注。

　　再此后的几年当中，臧迎春又逐渐展开了《中西方二部式女装造型比较》、《中西方男装造型比较》等方向的研究，在《装饰》等核心期刊发表了一系列比较有影响的论文并出版了多部著作。例如《从紧身胸衣到三寸金莲》一文是从中西方女性束身整形的角度切入，以小见大对于中西方的女装文化进行比较；《文质彬彬 然后君子》一文则是从"文"和"质"的角度，深入解读分析中国传统文人服饰的外在形态与内在的儒道思想之间的关系。《中国传统服饰文化》、《中国少数民族服饰》、《穿在身上的历史》等著作和纪录片先后在海外和国内出版发行。这也是她在这一领域进行深入耕耘的结果。

　　在博士研究阶段，为了掌握第一手的学术资料，以便更加系统的进行研究，2004 年我推荐臧迎春赴英国伦敦中央圣马丁艺术设计学院留学，合作导师是服装系主任 Jane Rapeley 教授。以伦敦为基地，臧迎春与国际相关领域的专家教授进行了深入的沟通，并先后赴巴黎、巴斯、布莱顿、曼彻斯特、爱丁堡等地收集了大量的学术资料。随着学术视野的开阔、研究依据的充实，她的研究也更加得心应手。其后，她几易其稿，历经数年完成了博士阶段的研究《从重装到轻装——近现代中法女装样式结构比较》。这是她多年研究的结晶，如今奉献给读者，希望能抛砖引玉，引发学术界对于这一领域更进一步的研究。

李当岐

2014 年 6 月 28 日

序二

综观当今世界，随着经济全球化的不断深入，国际舞台日趋复杂，全球性的政治大重组和经济大动荡时有发生，文化论争的冲突也日益尖锐。在这个挑战与机遇并存的时代，中国文化应该如何应对？如何在新世纪、在全球资本运作中、在各种文化冲突和融合中重新阐释和确立自己的形象？这已经成为当代中国学术研究的前沿课题。

正是在这样的背景下，本书希望以服饰文化的角度切入，从一个侧面对当代中国文化的定位问题加以解读和思考。笔者力图以一种世界性和历史性的眼光，通过对中西方服饰文化方面的比较研究来探讨中国当代的服饰文化策略，旨在为当代中国服饰文化的定位，为未来中国服饰品牌在国际市场中争取更大的空间提供参考。

近现代中西方服饰文化的比较研究在当今中国服饰文化的理论建设中具有重要意义。首先，近现代以来，中西文化发生了激烈的碰撞和融合，在这个曲折的过程中，中国服饰发生了巨大变化，服饰文化发展的脉络需要梳理，服饰文化发展的经验、教训需要总结。其次，在当前信息时代的条件下，中西方的服饰文化交流更加频繁，迫使人们必须通过比较做出文化价值判断，并进行选择。没有比较，就没有鉴别。我们今天的比较活动是一种双向的超越，可以使相比较的二者走出各自的局限，扩大各自的视野，获得对服饰文化新的认识。通过比较，既可以走出西方中心主义的理论误区，又可以排除妄自尊大意识的干扰。因此，理性而系统的学术比较有利于中国当代服饰文化的理论建设。

中国和西方，在外部环境、历史传统、政治经济和思想文化等各个方面都存在明显不同，因此其女装在近现代从"重装"到"轻装"的发展演变也就经历了各自不同的发展道路。以近现代中法两国女装的样式、结构作比较，一方面可以从一个侧面对中西方女装从"重装"到"轻装"的现代化进程进行系统梳理，探寻其发生演化的动因和文化根源，总结其发展过程中的经验教训，对把握当今及未来女装的发展提供借鉴；另一方面通过对中法女装从"重装"到"轻装"，即现代化过程背后的不同意识形态以及各种文化策略的研究，深入剖析这两种文化的特质和走向，可为尚处在全球化与本土性矛盾中的中国服饰文化的发展提供一些理论参考。

全球化和本土性的问题是这些年来困扰中国服饰文化发展的核心问题之一。笔者认为，只有在中西方加强沟通的前提下，在新的、更高的层面上认真分析当代国际服饰文化的主要特征和主要动态，对现代性进行深刻反思的同时，结合本民族的传统和实际，并以此为基础进行资源整合和价值重建，才有可能使本土性真正与全球化结合，从而把握进入国际服装舞台的重要机会，冷静坚实地推动中国服饰文化的发展。从这个意义上说，"从'重装'到'轻装'——近现代中法女装样式结构比较研究"作为中西方服饰文化比较研究的一部分，将对中国服饰文化的发展提供借鉴。

此外，我们也应该认识到：在这个多元时代，在国际环境日趋复杂的情况下，应尽可能地促进可沟通的公共语言的建构，使当代人在一些基本原则上达成共识，从而在真实的文化对话和跨文化沟通中避免公共性空间的丧失，以促进更加平等而深入的文化交流。此项研究作为文化研究的一个侧面，也是旨在从服饰文化角度促进这种公共空间的建立和文化对话中的相互理解。这不只是一般的服饰文化策略问题，更是在全球化语境中的"中国服饰文化形象"的定位和呈现问题。

笔者在研究生阶段的研究方向是"中西方服饰文化比较研究"，自1996年开始，在导师李当岐先生的悉心安排和指导下，先后对中西方的历史、哲学、美学、艺术史、设计史、现代科学技术发展及服装设计专业的理论和工艺技术等方面进行了较为系统的了解和学习。此外，在英语方面持续不断的强化训练以及在英国的留学经历、在法国和美国的考察经历，也促使笔者能够更全面、更深入地认识和解读西方的服饰文化。这些准备工作使笔者有可能使用一种多维的视角来展开研究，并且持续不断地深入下去，为笔者后期的研究工作打下了较为坚实的基础。

笔者在稍前的比较研究中主要进行了以下几个方面的探讨：《中西方女装造型比较研究——以连体式女装为中心》（此书由中国轻工业出版社于2001年出版）；《从紧身胸衣到三寸金莲》，这是关于中西方女性束身方面的研究（此文已在核心期刊《装饰》杂志上发表，并获2002年清华大学美术学院博士生论坛一等奖）；《中西方女装造型比较研究——以二部式女装为中心》已基本完成；《中西方男装比较研究》业已完成部分文稿。与此相关的研究还包括《中国传统服饰文化研究》（此书由中国五洲传播出版社于2003年出版，2004年出版法文版）、《文质彬彬 然后君子——中国传统文人服饰研究》（此文在2003年获得清华大学美术学院博士生论坛一等奖）、《中国传统服饰中的阴阳五行学说研究》、《风飘飘而吹衣——中国魏晋服饰研究》（2001年发表于清华大学学术网）、《中国民族服饰文化研究》（此书由中国五洲传播出版社于2004年出版）、《中外服装史研究》、《女性问题专题研究》、《20世纪设计史研究》等。在这些研究中，中国和西方女性服饰文化由各自不同的传统向现代发展演变的历程，特别是样式、结构的变化过程及其所折射出来的中西方不同时期文化内涵的异同，引起了我浓厚的兴趣。

基于自己的研究方向、学术基础和兴趣，以及此项研究深刻的社会意义，书名最后就确定为"从重装到轻装——近现代中法女装样式结构比较"。

此书稿于2006年完稿，沉寂数年，尚有诸多不足与缺憾，也请读者多多指正。

臧迎春于清华园

2014 年 4 月 29 日

目 录

第一章 "重装"与"轻装"的界定

1.1 研究领域的界定 \ 2

1.1.1 时间的界定 ·· 2

1.1.2 比较对象的界定 ······································ 3

1.1.3 关于"重装""轻装" ·································· 5

1.1.4 关于"样式""结构" ·································· 6

1.1.5 关于"现代化" ·· 7

1.2 关于本书 \ 8

1.2.1 研究方法 ·· 9

1.2.2 本书的结构脉络 ······································ 11

第二章 走向没落的"重装"
——近代中法女装样式结构比较

2.1 最后一个封建王朝的奢华 \ 14

2.1.1 "贵贱有别"与服饰配套 ······························ 15

2.1.2 "二维意识"与平面结构 ······························ 24

2.1.3 "衣必锦绣"与繁缛装饰 ······························ 31

2.1.4 "短勿见肤"与衣长及地 ······························ 43

2.1.5 "夫权思想"与"弓鞋""旗鞋" ······················ 44

2.1.6 "好古存旧"与"上下分属制" ……………………………… 47

2.1.7 "思想启蒙"与女装改革 ……………………………………… 50

2.2 一波三折地突破传统"重装"重围 \ 52

2.2.1 "腰身之美"与整形内衣 ……………………………………… 53

2.2.2 "三维意识"与立体结构 ……………………………………… 71

2.2.3 "奢华之风"与繁缛装饰 ……………………………………… 83

2.2.4 "传统观念"与衣长曳地 ……………………………………… 92

2.2.5 "构筑风格"与领型、袖型变化 ……………………………… 93

2.2.6 "男权思想"与"连体式" ……………………………………… 101

2.2.7 "女性解放"与女装男性化 ……………………………………… 102

2.2.8 "追求个性"与服装设计师 ……………………………………… 104

2.3 "重装"文化的异与同 \ 107

2.3.1 不同文化背景孕育了形态迥异的女性"重装"文化 ………… 108

2.3.2 相似的观念促成了同样的"重装"效果 ……………………… 114

第三章 迈向新生的"轻装"
——现代中法女装样式结构比较

3.1 西风东渐——文化碰撞中的中国女装 \ 118

3.1.1 "民主思想"与女装平民化 …………………………………… 119

3.1.2 "窄衣文化"与女装立体化 …………………………………… 121

3.1.3 "简约主义"与女装简洁化 …………………………………… 132

3.1.4 "功能主义"与女装短衣化 …………………………………… 134

3.1.5 "天足运动"与摒弃"三寸金莲" …………………………… 134

3.1.6 "女性主义"与女装男性化 …………………………………… 140

3.1.7 开放国门与女装融合 ………………………………………… 142

3.2 潮起潮落——法国女装的"轻装"化步伐 \ 148

　3.2.1 "回归自然"与去掉整形内衣 ·················· 150

　3.2.2 "女权主义"与女装男性化 ···················· 156

　3.2.3 "装饰艺术"与女装简洁化 ···················· 171

　3.2.4 "机能主义"与裙长的缩短 ···················· 174

　3.2.5 "型的时代"与结构的探索 ···················· 180

　3.2.6 "异质文化"与造型多样化 ···················· 193

3.3 "轻装"化的异与同 \ 202

　3.3.1 从束缚走向解放 ······························ 203

　3.3.2 从繁缛走向简洁 ······························ 204

　3.3.3 女装的男性化现象 ···························· 205

　3.3.4 服饰的多样化状态 ···························· 206

　3.3.5 突破不同的服饰传统 ·························· 208

　3.3.6 对样式、结构探索的程度不同 ················ 209

　3 3.7 服装设计师的作用不同 ························ 209

第四章　"重装"到"轻装"演变进程的思考

4.1 近现代中法女装样式结构的异同 \ 212

　4.1.1 近现代中法女装样式结构的相异之处 ·········· 212

　4.1.2 近现代中法女装样式结构的相似之处 ·········· 214

4.2 从"重装"到"轻装"是女装发展的历史必然 \ 214

　4.2.1 政治、思想基础 ······························ 214

　4.2.2 经济、技术条件 ······························ 215

　4.2.3 女性解放运动推波助澜 ························ 217

　4.2.4 艺术思潮的反映 ······························ 218

4.2.5 两次世界大战的影响 ······················· 219

4.2.6 服装设计师的历史作用 ······················· 219

4.2.7 文化碰撞与融合的结果 ······················· 221

4.3 从"重装"到"轻装"演变进程的差别 \ 223

4.3.1 演变背景的差别 ······················· 223

4.3.2 演变动力的差别 ······················· 225

4.3.3 演变步伐的差别 ······················· 229

4.4 从"重装"到"轻装"引发的思考 \ 231

注释 \ 236

参考文献 \ 239

附录 \ 243

后记 \ 246

第一章

"重装"与"轻装"的界定

在比较研究的过程中必然要涉及地域、时间、服饰种类等的选择问题，现就书中所涉及的相关概念加以界定。

1.1 研究领域的界定

早在17世纪，法国就在欧洲确立了"时尚文化中心"的地位，尤其在女装方面，三百多年以来，法国对西方近现代女装影响最大，直至今天巴黎仍然是西方乃至世界女装流行的中心之一。因此，选取法国女装作为研究对象，可以较为典型地反映西方女装近现代样式、结构发展的历程。

比较中国和法国女装文化在近现代发展的特点可以发现：法国女装在近现代的发展更多的是对于自身传统的主动调整，因此，其现代化的过程具有继承和变革的双重性质，其服饰文化的传统没有发生根本的断裂。这也是大部分欧美国家近现代女装发展的一个共同特征。而近现代中国则是由本土化的自然传承，逐渐转化到半殖民地半封建的文化状态，女装的发展受到外来文化的强烈冲击，其发展也大大偏离了原有的轨道。因此，中国女装的现代化进程更多地表现为被动地接受和变革，其服饰文化的传统发生了断裂。这也是大部分非欧美国家女装发展的主要特征。由此可见，中法女装在近现代发展的两条不同路线在国际社会当中是比较有代表性的。

基于上述原因，本书选取法国作为西方的代表来进行中西方女装的比较。

1.1.1 时间的界定

女装在近现代的发展实际上就是女装现代化的过程，但女装的现代化进程不是一蹴而就的，而是经过了长期的酝酿和准备。

英国在18世纪掀起了第一次产业革命，推动了资本主义大工业的发展。而同时期的法国是欧洲典型的封建农业国家，当时资本主义的发展水平还比较低。但是在1789年法国资产阶级革命的推动下，法国逐渐摆脱了封建专制政体，进入资本主义社会，资本主义工业也迅速发展起来，开始了产业革命。标志着现代化的工业生产模式开始在法国逐步建立起来，它伴随着资产阶级"自由、平等、博爱"

的思想波及整个西方世界,到 1848 年,法国成为仅次于英国的主要资本主义国家。

以 1789 年以来一系列重大的社会变革为背景,法国女装在 19 世纪发生了许多革命性的变化,最后终于摒弃了繁缛的装饰、束身的紧身胸衣和笨重的裙撑,逐渐向轻便的、解放女性身体的、追求机能性的、朴素健康的现代女装发展,这也就是从"重装"到"轻装"的发展。它所体现出来的现代主义的价值取向对于当代女装的发展仍然产生着深远的影响。这一发展演变过程漫长而曲折,关注和研究这一过程对于理解当今女装的发展具有重要意义。

在历史学的概念上,中法两国进入近代的时间并不相同,一种比较普遍的观点认为,以英法为代表的西方世界是以 1640 年英国资产阶级革命和 1789 年的法国大革命为近代的起点,而中国则是以 1840 年的鸦片战争作为进入近代的标志。虽然中国服饰文化在近现代的发展与西方并不同步,但它在很大程度上是受西方影响的,若抛开西方的影响来谈中国近现代服饰文化的发展,是不切实际的。当代学术界倾向于将中国近现代的历史置放于一个与世界紧密相连的视野下来认识,因为中国是在深受外国影响的背景下展开近现代历史的。因此本书力图把中国近现代的服饰发展置放于世界近现代服饰变迁的大环境中,通过对这一历史时期服饰变革的动力、范围、速度和形式的研究来展现中国女装从"重装"到"轻装"进程中的各个层面。其关于中国女装样式、结构的论述也就从 19 世纪上半叶开始展开。

本书在时间上选取了"近现代"这个时间段,是因为这是女性摆脱传统"重装"向现代"轻装"迈进的一段重要历程。中国和法国在这一段历程中步伐并不一致,因此这个时间段无法确切地统一界定,只是一个相对模糊的概念。此外,由于服饰文化发展是一个渐变的过程,很难用严格的时间界限来界定某种服饰文化现象,所以本书中的时间只是研究时的一种参照。

总之,本书的研究主要是根据近现代中法女装的特征和性质来展开的,而不是按照严格的时间顺序来进行的。

1.1.2　比较对象的界定

在历史上,中法两国都长期处于男权社会,这是男性比女性拥有更多权力和声望的社会状态,它植根于文化并潜移默化地塑造着社会成员的认知和行为。男性处于统治地位，掌控着社会政治经济生活的权力，女性的社会地位比较低下，缺乏参与社会政治、经济生活的机会，只能依赖于男性而生存。此种情形必然要求女性服饰要符合男权社会的审美品位，并不强调其适应社会生活的机能性，而更强调其满足男性视觉审美的装饰性，因此女装追求装饰的"重装"形态延续了比较长的时间，其实现"轻装"的现代化的进程也因此受到抑制，从而远远落后于男装的现代化进程。

但随着资本主义在近现代的发展，女性解放运动在中西方蓬勃展开，特别是在两次世界大战的影响下，女性参与社会生活的热情不断提高，程度不断加深，有力地推动了近现代中法女装样式、结构的发展，推进了女装的现代化。

相对而言，男装的现代化进程要大大早于女装，它在19世纪中叶就基本完成了"轻装"化。此后，男装在样式、结构上的变化幅度相对较小，也比较微妙。而女装的"轻装"化进程则是漫长而曲折的，服装样式、结构的变化也极其丰富，它更能深刻而细腻地反映出近现代的时代思潮变迁。加之女装在当代服装行业中所占据的比重、市场份额及其变化幅度和速度，它对当今及未来服饰文化的发展具有更显著的影响力，因此本文选取女装作为比较对象。

但是即使是女装，中法两国因为地域、民族和阶层的区别，也有非常多的种类，在本书当中是难以一一加以评述比较的，因此，将主要选取能够代表一个时代女装发展方向和发展水平的、具有主流性质的女装来比较研究。书中的"女装"是指在中法两国的一些中心城市，上流社会女性所穿着的、与时代前沿思潮和文化状态等紧密相连的，能反映出时代发展脉搏的典型女装。在近代时期的中法两国主要都是以具有代表性的宫廷女装为主，法国还包括一些中心城市的代表性的女装；在现代时期，法国主要是以中心城市的代表时代潮流的女装、典型服装设计师的作品为线索，中国则主要是以上海、北京等中心城市的典型女装为线索。

本书的研究主要是以女装的样式、结构为对象，但由于中法两国传统服饰当中，"冠帽鞋履"一直都扮演着非常重要的角色，有时甚至存在"冠胜于服"和以"足履论丑美"的现象，所以尽管冠帽、鞋履并非本文研究的重点，但根据它们与女装样式的密切程度，也会有所涉及。

1.1.3 关于"重装""轻装"

"重",是"沉重"的意思,"轻"与"重"相对,是"轻便"的意思。本书中,"重装"主要是指那些强调封建等级差别和阶级差别、突出性别差异、束缚女性人体、装饰繁琐、具有传统的女性审美趣味的、缺乏机能性的女装。"轻装"指的则是与上述特征相反的女装形态,即消除封建等级差别和阶级差别的、弱化传统的性别差异的、解放女性人体的、装饰简洁的、具有现代的女性审美趣味的、方便女性活动的、具有机能性的女装。

"重装"和"轻装"都是社会发展到一定历史时期的产物。中法女装在历史上的发展并不同步,但都有一个从简单到复杂的过程。在这个发展过程中,女装的材料日益丰富,造型、结构日益复杂,装饰日趋繁缛,逐渐形成了"重装"的状态。因此,中法女装历史上都有一段女性"重装"的鼎盛时期,这一时期主要就集中在 18 和 19 世纪。

本书中的"重装"主要包括以下几个方面的内容:

(1)强调封建的等级差别和阶级差别。由于封建等级制度的存在,女装在样式、结构上体现出严格的等级差别。中国女装在服饰配套、装饰、工艺等方面对于等级有严格的规定;法国女装在造型、选材、色彩、配饰等方面对此也有明确的区分。封建等级差别和阶级差别是与追求民主相对立而存在的。

(2)突出女性特征。中法两国长期处于男权社会,男性和女性的社会地位很不平等,男尊女卑的思想和社会状态严重困扰着女性自身的发展。因此,在女装上也深刻地反映出女性所处的相对卑下的社会地位。作为男性社会的陪衬和玩偶,女性必然要在服装上追求符合男权社会的审美趣味,突出女性特征。

(3)束缚女性人体。在服饰上追求性感特征是男权社会对于女性服饰的要求之一。为了达到男性社会所要求的性感,中法两国的女性都努力通过服饰对肉体进行整形,从而对女性人体造成了深刻的伤害。中国女性是通过缠足,用"三寸金莲"来满足男性所要求的"美",法国女性则是通过"紧身胸衣"对身体的整形来表现社会所崇尚的性感。

(4)追求繁缛装饰。作为一种审美价值取向,中法女装在相当长的一段历史时期内都追求繁缛的装饰。

（5）缺乏机能性。由于宫廷等上层社会的女性很少参与社会生产生活，因此相对于男装来讲，近代中法女装的机能性普遍比较差，无法适应现代社会生活的需要。

尽管中法女装都经历了"重装"的发展时期，但是由于二者历史传统和社会文化背景的不同，所以二者的"重装"状态也就表现出诸多的差异。进入近现代以来，随着时代发展，中法女装又不约而同地受到种种社会思潮和运动的冲击，开始了各自从"重装"到"轻装"演变的曲折历程。

"轻装"是现代女装的特征之一，体现出现代社会的审美标准。它具体表现为：在民主思想的影响下，女装消除了封建等级差异和阶级差别，女性有了自由穿着和多元化的选择；在女性解放思想的影响下，女装上的性别特征被弱化，男装和女装的性别差异被减弱，体现出"男女平权"的思想；女装去除了对于女性人体的束缚，使女性可以健康自由地发育；追求服饰的简洁和机能性，摒弃了服装上繁缛的装饰，缩短了衣长和裙长，使女性能够很好地适应现代社会快节奏的生活。

本书所探讨的从"重装"到"轻装"的演变，不只是女装样式、结构上的变化，更重要的是其背后起支配作用的文化形态的变化。

1.1.4 关于"样式""结构"

据《现代汉语词典》（商务印书馆 1983 年版）1339 页的解释："样式：式样；形式。"[1]英文中的样式是"Style"一词，在《牛津现代高级英汉双解辞典》*Oxford Advanced Learners Dictionary of Current English with Chinese Translation* 1172 页中是这样解释的："3[C,U] fashion in dress, etc: 衣服等的时式；样式；款式；时尚。"[2]又据《服装释典》的解释：……作为服饰用语的"Style"是区别于"Mode"、"Fashion"等词的。只有当某种衣服的样式能够代表某一个时代的特征的时候，才用"Style"。[3]虽然有时也指流行，与"Fashion"通用，但它主要不是指一时的流行现象，而主要是指某个时代沉淀、固定下来的样式。根据上述解释，在本书中所出现的女装的"样式"主要是指代表不同历史时期的不同的女装形态，特别是指以女装外部造型为主，涉及一定女装外在的装饰、色彩和材料的内容。

而"结构"一词，据《辞海（缩印本）》（上海辞书出版社 1980 年版）1168页的解释："是各个部分的配合；组织。"英文中的"结构"是"Structure"一词，在《牛津现代高级英汉双解辞典》1169 页中是这样解释的："n [U] way in which something is put together, organized, etc: 结构；构造；建造法。"根据上述解释，在本书中，"结构"一词主要是指女装的内部构造，特别是指决定女装裁片形态的板型。

1.1.5 关于"现代化"

近现代女装从"重装"到"轻装"的发展过程实际上是女装"现代化"过程的一个组成部分，所以有必要对这个意义极其复杂的概念做一些界定和说明。张法在《中华性：中国现代性历程的文化解释》一书中对于"现代化"给予了解释：谈现代化离不开"现代性"（Modernity），通常人们所说的"现代性"，在西方最初被认为是近几个世纪从欧洲、北美发展起来的一种前所未有的"现代"文明。它包括新的科学技术、新型的机器工艺和导致物质生活水平史无前例地提高的工业生产模式，这些后来也被非西方世界称为"现代化"（Modernization）。现代化一方面包括了科学技术、工业和高水平的物质生活，另外一方面还包括了非技术的因素，特别是心智方面的特征：人的世界观、自我意识、精神、价值观以及文化。这些东西远非物质和技术的要素那样边界清晰、容易区分。因此，"什么是现代化"既包含较为明确的物质和技术特征，也包含具有一定模糊性的非技术特征。对于这种在西方兴起并不断向全球扩张的文化，西方哲学家、历史学家、社会学家、经济学家和文艺学家各有专论，综合起来，它包括"经济（商品、市场）、政治（民主、法制）、思想（启蒙、理性）和工具（科学、技术）等四个方面，即英国工业革命提供了经济层面的范例，法国和美国的政治革命提供了政治层面的范例，从德国开始的宗教改革和以法国为核心的启蒙运动提供了思想意识层面的基础，以伽利略、哥白尼、牛顿和达尔文等为代表的学院科技提供了理性思维和工具动力。"

服装上的"现代化"大体可以从以下几个方面来把握：一，经济层面的现代化，主要表现为服装生产摆脱了单件制作的、手工业作坊式的、非标准化的生产模式，而转变为以按标准号型成批量生产的成衣为标志的大工业生产模式。生产模式的改变使得服装商品日益丰富，促使服装市场逐渐成熟，推动了经济的高速发展。流通层面的现代化——主要表现为服饰产品利用现代化的传播媒介和物流手段进行高速传播。二，政治层面的现代化，主要是指服装所表现的社会的"民主化"程度（或"平民化"程度）和法制化程度。民主观念是与封建的等级观念相对立的，是与资本主义的民主思潮紧密关联的，是近代新兴的资产阶级价值观的一部分。其表现在服装方面就是对封建服饰制度的废除和服装平民化程度的加强。三，思想层面的现代化，主要是包括对传统男权社会性别歧视的革命，男女平等、女装男性化、机能化。四，技术层面的现代化，主要是指服装努力地与现代社会的快节奏、简约化的生活方式相适应。

1.2 关于本书

本书属于比较研究的范畴。翻开比较研究的历史，我们可以发现，1886 年，美国学者提出了"比较文学"，此后，在欧美文论界逐渐形成了"平行比较"和"影响比较"两大学派。20 世纪 30 年代，傅东华和戴望舒翻译了《比较文学史》和《比较文学论》，20 世纪 80 年代中期，中国比较文学学会成立，使比较文学研究在国内提到议程上来。20 世纪 80 年代以来的比较美学在中国也有一定的发展，研究者就中西美学的背景、历史流变、内在精神、发展趋势、范畴术语等进行了比较。与文学、美学相比，国内其他领域的比较研究则显得滞后。但随着中西方交流的日益密切和形势发展的需要，其他方面的比较研究也正在逐渐展开，这也就使比较研究逐渐成为近些年来国内学术界研究的前沿课题。目前在美术、音乐等领域都已经有相关的学术著作问世，但关于中西方服饰文化的比较研究却仍不多见，还留有许多空间。

作为一门年轻的学科，服饰文化比较需要借鉴许多成熟学科的成果才能尽快发展。我国比较文学学者李赋宁教授认为："比较文学的原理和比较综合的方法也适用于人文科学和社会科学的其他学科，对人文科学来说，尤其重要。"比较文学的原理、规律、原则和方法对服饰文化比较具有一般的示范意义。比较文学和服饰文化比较的路径和趋势相一致，二者都经历了或正在经历三个必经环节：对西学的翻译、介绍，与西方的对话，整合创建中国自己的学术体系。

比较文学从 19 世纪末发端到现在，在一个多世纪的发展中建立了较缜密系统的方法论。这些方法已经实践证明是成功的，它们自然会有意无意地影响到服饰文化比较。为了更好地借鉴这些方法，有必要回顾一下比较文学研究的主要方法。作为一切比较研究的基本方法，"分析"和"综合"贯穿于比较文学的研究之中。然而，经过了漫长的实践，比较文学亦形成了自身特定的方法，它们主要包括：影响研究、平行研究、科际研究、阐发研究、"模子—寻根"法、"文学—文化—对话"法等。

在此前中西方文化的比较研究中，学者们针对不同的领域进行分析和比较，寻找它们的异同、联系和相互影响，以及某些带规律性的东西，已经逐渐认识到：中西方是在各自不同的文化背景下走过了漫长的历史，各自的审美意识和文化形态之间具有相对应的关系。中西方文化各自的特点也正是其差异。通过探寻、发掘、剖析它们各自的特殊性以及形成这种特殊性的原因，可以发现二者在某些方面的同中之异和异中之同。这一过程必会促进二者之间的相互了解和进一步融合。对于任何一方来说，不仅可以更多地了解对方，也可以借此从一个新的视角来认识自己的文化传统。前人所进行比较研究的有益探索和成果为笔者今天的研究提供了宝贵的参照。

1.2.1　研究方法

像其他比较研究一样，服饰文化比较研究也向其研究者提出了诸多方面的要求。例如在阅读、研究比较对象的第一手资料时，语言水平越高，文化误读的可能性就越小。而作为一名长期浸淫在某种意识形态中的服饰文化研究者，不冲破原有的文化氛围，直接到研究对象的文化氛围中去身临其境地体验，就很难达到预期的认识目的。此外，服饰文化比较研究的难题之一在于，它是个宏观的论题，许多问题具有连带性。漫无边际地比较容易陷入空泛，而立论和讨论如果太狭窄又不能说明问题。因此，服饰文化比较研究的学者必须重视研究方法。我们面对的是一个变化的世界，所以服饰文化比较研究的学者特别需要具有一种国际视野，应不断关注服饰文化领域出现的新观点、各类学术活动、重要的国际期刊以及相关的社会科学、文化传播方面的专著。服饰文化比较研究的学者还需要具备对话意识，坚持人类文化的多样性，自觉地将自己看作是异质文化的沟通者、本土文化的传播者。在解释己文化时要承认他文化存在的意义，要认识到服饰文化比较研究的目的在于促进文化沟通，改进文化生态和人文环境。中国的服饰文化比较研究要想和世界接轨，就必须熟悉和采用国际通用的学术规范。在方法上，在注释上，在评述上，在学术写作和研究范式等方面，中国的服饰文化比较研究学者都要尽快与国际水平同步。

总之，中西方的服饰文化比较并不容易，首先要对双方的系统作深入地了解。这既需要跨越中西方的语言障碍，也需要具有专业知识和理论深度，同时还必须克服西方中心主义和妄自尊大的国粹主义（狭隘的民族主义）对比较研究的干扰。否则的话，不仅这类探讨本身无法深入下去，而且极易先入为主，不自觉地通过某个现成的理论框架去解释所有文化现象。

一切服饰文化现象、服饰文化形态和服饰文化成果都在服饰文化比较的范围内，但服饰文化比较的真正对象则不在具体的服饰文化形态，而在支配这种形态的内在模式。

在借鉴比较文学方法论的基础上，服饰文化比较研究也正在逐渐探索自身的研究范式，其中包括：历史的方法、理论的方法、文化研究的方法、个案的方法、跨文化和多学科的方法等。值得指出的是，上述这些方法之间的关系经常是交叉的、互相渗透的，而非孤立的。

综合上述，本书采取理论研究与实际考察相结合的方法进行研究。

研究工作包括三个环节：一是收集充实的研究资料，包括文字资料和图片资料；二是对中国和西方进行实地调研，加深对中西方文化的认识和理解；三是通过系统的资料整理和实际验证，最后进行理论分析和归纳。

当代文化研究比较强调"对各种界限的打破和重新设置"，本书也是以此为依据，通过翔实的分析和阐述，试图揭示近现代中法女装样式、结构发展演变历程中的异同点和深层的文化根源。

1.2.2　本书的结构脉络

在公元 13 世纪以前，中法传统女装的样式和结构具有许多相似之处，二者都是以直线裁剪为主，样式宽松、结构简洁，不强调立体造型；公元 13 世纪以后，一直到公元 20 世纪以前，中法的女装样式和结构分别走上了两条截然不同的发展道路，二者出现了显著的不同：中国女装依然延续直线裁剪的风格，而法国女装则开始强调立体造型，重视曲线裁剪技术的发展，构筑式造型风格逐步形成。同时，这一阶段的中法女装又具有极其相似的特征，即二者都强调装饰，束缚女性身体，样式和结构也日趋复杂，缺乏机能性，形成了本文中所指的"重装"状态。20 世纪以后，随着经济、政治、思想和科学技术的进步，特别是在两次世界大战、种种现代思潮和艺术运动的影响下，中法女装都渐渐摆脱了传统的样式和结构，二者不断相互影响、相互融合，实现了从"重装"向"轻装"的转变，走上了简洁、健康的发展道路，终于形成了现代女装的面貌。

以上述中法女装发展的客观规律为基础，本书的研究从两种服饰文化不同的传统形态展开，将近现代的服饰历史分为近代和现代两个大的历史阶段：近代阶段着重比较中法女装在传统样式、结构发展到巅峰以后的异同，即中法女装"重装"状态的异同，剖析这两种传统服饰文化的内涵，以及其面对"现代化"时的不同状态；现代部分主要是比较中法女装从传统到现代发生剧烈转变的阶段，即中法女装"轻装"化的阶段，在分析新出现的服装样式、结构的异同之外，探讨这种革命性变革背后的动因和社会形态的异同。结论部分是以全面的、联系的观点来看待一个多世纪以来中法女装殊途同归的融合与发展，探讨从"重装"到"轻装"的历史必然性和近现代中法女装样式、结构发展的不同轨迹，挖掘信息时代、全球化市场条件下的文化思潮对于女装样式、结构的影响，探讨中国服饰文化在新世纪的定位。

　　全书共分为四个部分：第一章"重装"与"轻装"的界定；第二章走向没落的"重装"——近代中法女装样式结构比较；第三章迈向新生的"轻装"——现代中法女装样式结构比较；第四章"重装"到"轻装"演变进程的思考。

第二章

走向没落的"重装"
——近代中法女装样式结构比较

2.1 最后一个封建王朝的奢华

在前文中我们已经讲过，中国近现代女装的发展是与西方近现代服饰文化的发展密切相连的，所以本书将把中国女装在近现代的发展置放于国际大环境当中来观察。1840 年以来，随着帝国主义的侵略，中国逐步沦为半封建半殖民地社会。虽然西方资本主义文化的影响在日益扩大，但中国女子的衣冠服饰在近代阶段却并未发生太大变化，这跟中国长期以来形成的深厚的服饰文化传统和清政府对于服饰的特殊理解都有密切关系。

清朝是中国最后一个封建王朝，也是一个由少数民族统治的朝代。清朝入关以后的着装体系是一种复合型的服饰文化，它是由满族和汉族长期并存、融合而形成的。建立清朝的满族，曾经历长期的游牧生活，这使其服饰文化与汉民族差异较大。在南下入关的长期征战中，紧身、简洁的服饰发挥了机能性强、便于骑射的优越性，因此清王朝的最高统治者一直对自己的民族服饰青睐有加："他们不仅把民族服饰看成是祖上的遗存，同时也视其为能屡战不败，创建大清帝国的一个重要因素，所以清政府始终把坚持自己本民族的传统服饰当作一项重要的治国方略。入关前后，满族统治者更是把在汉族中改服易制作为巩固政权、降服民心的大事，因此采取了一系列硬性措施强制推行。其时间之久，手段之残酷都是空前的，这自然也引起了汉族人民的强烈抵制。后来，为了缓解民族矛盾，清廷采纳了明朝遗臣金之俊'十从十不从'的建议，即'男从女不从；生从死不从；阳从阴不从；官从隶不从；老从少不从；儒从而释道不从；娼从而优伶不从；仕宦从而婚姻不从；国号从而官号不从；役税从而语言文字不从。'也就是说，在服饰方面，像结婚、死殓时女性都可以保持明代服式，未成年儿童、官府隶役以及民间庙会等传统节日的穿戴也都可用明代服装，优伶戏装、和尚道士的装束也不用更改。"[4] 这些措施在一定程度上缓解了因强行剃发易服而引起的民怨，也使清朝的服饰出现了满汉两族服饰并存的特殊局面。由于满族和汉族两个民族的服饰传统不同，所以清代满族服饰和汉族服饰在最初也就表现出了较大的差异。但随着时间的推移，这两个民族的服饰本身也在长期的共存中互相影响，特别是汉族服饰繁缛的装饰和宽袍大袖的宽松结构对满族服饰产生了深刻影响，逐渐形成了中国近代服饰的独特面貌。

清朝统治后期，以皇家、官宦等上层社会女性的服饰最能代表当时女性服饰发展的最高水平，因此在本书中所选取的女装主要是这些宫廷女装。即使如此，其样式、结构所涉及的内容也很多，不可能在本书中一一叙述，所以笔者在阐述过程中将选取具有代表性的几种样式、结构，以点代面来加以分析。概括起来讲，它们的样式、结构特点可以归纳成以下几个方面：

2.1.1 "贵贱有别"与服饰配套

中国近代女装的特征之一是通过繁琐复杂的服饰配套来区分严格的封建等级，维护封建统治秩序。清朝的统治者非常重视吸收汉族的传统文化，尤其是对儒家的"礼教"思想情有独钟，所以它在很大程度上继承了汉族服饰中"礼"的传统，即强调"分贵贱，辨等威"的服饰功能。从历史来看，清代服饰在中国历代服饰中是最为庞杂和繁缛的，条文规章也最多，包括清朝政府根据封建统治的需要，所制定的严格的女性服饰制度。这种制度规定上层社会的女性往往要重叠穿用数层不同的衣服，佩戴各种装饰来达到服饰制度所规定的种种要求，以明确区分身份和等级。现以宫廷后妃的礼服、常服等作为典型案例加以说明。

清朝的礼服制度自始至终没有太大的变化。当时后妃及命妇的礼服就是"冠服"，是女装中材料、样式、结构最为讲究，工艺技术水平相对较高的服装，也是当时"重装"的代表。所以，从对"冠服"的分析可以看出中国近代女装在服饰制度上的严格规定、鲜明的等级区分和繁琐的服饰配套。

通过对清乾隆皇帝的皇后——孝贤纯皇后朝服像的深入研究（图2-1），结合史料记载，我们可以了解到清代后妃的"冠服"在服饰配套方面的着装规范是这样的：

（1）内穿朝袍。作为皇族，朝袍的颜色都是明黄色，其基本款式是由披领、护肩和袍身组合而成的，袍长及地。开领和袖子的样式独具特色，开领是从领口右缘向右方斜着呈S形，因此与斜领或圆领右衽的一般款式不同。袖子是由袖身与接袖（约12cm宽）、综袖（又称中接袖）、袖端（即马蹄袖，又称箭袖）相

图 2-1

（1）图为孝贤纯皇后朝服像，（2）图为清顺治皇后佟佳氏（孝康章皇后）像（引自北京故宫博物院藏《清代帝后像》）

（1）　　　　　　　　　　　　　　　（2）

接而成的，并且在腋下至肩部要加缝一段上宽下窄的装饰性护肩，领子后面也要垂挂明黄色绦，绦上缀珠宝。

（2）朝袍外穿朝褂。根据规定，穿朝袍时必须与朝褂配套。朝褂的形制是圆领口、对襟、缺袖（不设袖子）、无襞积（没有褶裥）、衣身的左右有长长的开裾直抵腋下。朝袍和朝褂等长，也垂至地面。

（3）遇有朝贺、祭祀等重大礼节，还要穿着朝裙。朝裙衬在朝褂之内。朝裙的款式是右衽背心与大摆直褶裙相连的连衣裙样式，在腰线有襞积，后腰缀有两根带子，可以用来系扎腰部。按照季节，朝裙被分为冬、夏两种形制，冬朝裙用缎料制作，缘以兽皮；夏朝裙用纱制作，缘以织锦。朝裙分为两截，上面用红色或绿色，下面用石青色，周身有很多细裥，衣身上装饰有龙纹。

（4）佩戴金约。在戴朝冠时需先戴金约，金约起着约发的作用。金约由十来片弧形长条的金托连接成一个圆圈，外面饰金云、青金石和东珠，里面用织金缎衬裱。每片金托中嵌青金石，两片之间用金云和东珠相隔。金片数和金云、东珠的多少反映出地位高低。在金约后面系金衔绿松石结和串珠数行，珠的行数和粒数也反映地位的高低。

（5）佩戴朝冠（图2-2）。皇后朝冠冬天用薰貂制作，夏天用青绒制作，冠体是圆顶呈半圆坡状，周围有一道冠檐。冠体上缀朱纬，冠顶呈宝塔形，共分三层，每层贯东珠各1颗，皆承以金凤，饰东珠各3颗，珍珠各17颗，上衔1颗大东珠。朱纬上周缀7只金缕丝凤凰，每只凤凰身上饰东珠9颗，猫睛石1颗，每只凤凰的凤尾装饰珍珠21颗。冠后饰1金缕丝翟（雉鸟），翟鸟下垂珠结，由五行珍珠平排垂挂，每行有64颗珍珠串联，这种装饰称作"五行二就"。冠后从冠檐里边下垂倒葫芦形护领，护领下端垂明黄色丝绦两条，末端缀宝石。冠左右缀青色缎带。

（6）佩戴领约。领约是清朝女子穿朝服的时候佩戴在脖子上，用来压朝珠和披领的一种圆形项圈。它用金丝作托，上面分段镶嵌珊瑚，中间有点翠金片，每片上镶嵌东珠1粒，两端装饰金瓜形，末段还有金轴，在悬戴时可向外打开。领约每端垂两条丝绦，中间有珊瑚结将二绦相连，末端饰坠角。它以所嵌珠宝的质料和数目以及垂于背后的绦色来区分品级。

（7）胸前挂彩帨。彩帨是清朝女子穿朝服的时候挂在朝褂的第二粒纽扣上的饰物，它以色彩及有无纹绣来区分品级。彩帨一般长约1米，形状是上窄下宽，下端呈尖角形的长条。上端有挂钩、东珠或玉环，挂钩可以将彩帨挂在朝褂上；环的下面有数根丝绦，可以挂针管、小袋子之类的物件；再下面是一个圆形金银丝或画珐琅、或镂金嵌宝的结，彩帨就通过此结下垂。

（8）颈戴三盘朝珠（一盘珍珠，两盘珊瑚珠，图2-3）。朝珠是由佛教的数珠发展而来的。清代皇帝祖先信奉佛教，因此，清代冠服配饰中的朝珠也和佛教数珠有关。按清代冠服制度，后妃、命妇凡穿朝服或吉服的时候，必须在胸前挂朝珠。朝珠由108粒珠贯穿而成，每隔27颗珠子就要穿入1颗材质不同的大珠，称为"佛头"；其中与垂于胸前正中的那颗"佛头"相对的1颗大珠叫"佛头塔"，"佛头塔"缀黄绦，中穿背云，末端坠一葫芦形佛嘴。背云和佛嘴垂于背后。在佛头塔两侧缀有三串小珠，每串包含10颗小珠。一侧缀两串，另一侧缀一串；男的两串在左，女的两串在右。朝珠的质料以产于松花江的东珠为最贵重，只有皇帝、

（1）

（2）

（3）

图 2-2

（1）图为《清代帝后像》中孝贤纯皇后朝服像描绘的朝冠（北京故宫博物院藏），（2）图为清代皇后朝冠实物（北京故宫博物院藏），（3）图为绘制的朝冠（选自《大清会典图》）

（1）

（2）

图 2-3

（1）图是根据传世实物描绘的清代朝珠（引自《中国历代妇女妆饰》，高春明绘），（2）图是配戴朝珠的清代皇后（引自北京故宫博物院藏《清代帝后像》）

第二章　走向没落的『重装』——近代中法女装样式结构比较

皇太后、皇后才能戴。

（9）垂饰三对耳坠。清朝满族女子的传统风俗是一只耳朵上三件耳饰，称环形穿耳洞式的耳环为"钳"，因此后妃们穿朝服时要"一耳戴三钳"。

（10）穿高底"旗鞋"（图 2-4）。脚上要穿袜子和高底"旗鞋"（又叫"花盆底""盆底鞋""马蹄底"）。

可想而知，穿上如此配套严格、繁琐复杂的服饰，起立坐卧时的行动一定会受到很大的限制，是非常不方便的，而这恰恰是"重装"的特征。

其实，除了层层叠叠的穿衣方式以外，在宫廷女性当中，根据穿着者等级身份和季节的不同，其服饰形制和配套又有严格的区分。举上文中所提到的朝褂为

图 2-4

（1）图为鞋底形状是上窄下宽的高底"旗鞋"，（2）图为鞋底形状是上宽下窄的高底"旗鞋"，上绣缎钉绫凤戏牡丹纹（传世实物，原件现藏北京故宫博物院）

（1）

（2）

例，上层女性所穿的朝褂又分为"龙褂"和"吉服褂"两大类，根据穿着者身份不同而有所区分。"龙褂"是圆领口、对襟的样式，衣身的左右设有开衩，平袖口，衣身较长，一般与所穿的朝袍相对应，只能由皇后、皇太后、皇贵妃、贵妃、妃、嫔等人穿用。皇子福晋、亲王福晋、守郡王福晋、固伦公主所穿的朝褂不叫"龙褂"，而叫"吉服褂"。皇后、太皇太后、皇太后、皇贵妃所穿的"龙褂"又分三种不同的款式，颜色都是石青色，并且要用织金缎或织金绸镶边，其中每一种款式也有严格规定（图 2-5）：

款式一：圆领对襟，类似有后开裾的无袖长背心。从胸围线以下作襞积（褶裥），其装饰纹样是在胸围线以上前后各绣立龙 2 条，胸围线以下则横分为 4 层，第一层和第三层分别织绣行龙纹样，也是前后各两条；第二和第四层分别织绣万福（蝙蝠纹）、万寿（团寿字纹）纹饰，各层之间都用彩云相间。

款式二：圆领对襟，无袖，后开裾，是腰下有襞积的长背心。装饰纹样是前胸后背各织绣正龙 1 条，腰帷织绣行龙 4 条，下幅织绣龙 8 条。三个装饰部位下面都有寿山纹和平水江牙等纹饰。

款式三：圆领对襟，无袖，无襞积，是左右开裾至腋下的长背心。前后身各织绣两条大立龙相向戏珠的装饰纹样，下幅为八宝寿山江牙立水纹饰。

（1）

（2）

图 2-5

清代女式龙褂款式
〔（1）图引自《中
华服饰艺术源流》，
（2）图为传世实物，
原件现藏北京故宫
博物院〕

此外，这三种朝褂领后都垂有明黄色绦，绦上缀饰着珠宝等。

与礼服相对的服装叫常服、便服，它是清朝宫廷女性及士庶百姓平常家居时所穿的衣服。清朝后妃的常服与礼服不同，根据《慈禧太后着色照片》和《孝贞显皇后常服像》的描绘和相关的史料记载（图2-6），可以看出上层社会女性的常服形制。

（1）

图2-6

（1）图为慈禧太后身着常服的着色照片（北京故宫博物院藏《慈禧写真像》），（2）图为孝贞显皇后常服像（北京故宫博物院藏《贞妃常服像》）

（2）

（1）身着衬衣或氅衣，多层套穿。清代女式衬衣的基本样式是圆领，右衽，捻襟，直身，平袖，没有开裾，长衣有五粒纽扣，衣长至脚踝。袖子形式有舒袖（袖长至腕）、半宽袖（短宽，袖口加接二层袖头）两类，袖口内再另加饰袖头。以绒绣、纳纱、平金、织花的面料为多。上层社会女性，即使是日常服装，也要周身加边饰，而晚清时的边饰更是发展得越来越多。氅衣一般穿在衬衣外面，形制类似衬衣，只是左右开裾至腋下，纹饰更加华丽考究。

（2）佩戴围巾。女子穿衬衣和氅衣时，还在脖颈上系一条宽约2寸，长约3尺的丝绸围巾，其围法是将围巾从脖子后面向前围绕，右面的一端搭在前胸、左面的一端掩入衣服捻襟之内。围巾一般都绣有花纹，花纹与衣服上的花纹配套，讲究的还镶有金线及珍珠。

（3）在氅衣外有时套穿如意云头领。

（4）有时套穿对襟、下摆装饰有排穗的坎肩。

（5）梳"一字头"，头戴钿子等丰富的头饰。

（6）胸前挂念珠，佩戴耳饰、手镯、金护指等。

（7）脚登高底"旗鞋"。

后妃们的常服虽然比礼服随意了许多，但从上述描述中仍可看出其在穿着上是比较繁琐的，不失"重装"特色。

清代汉族女子的服饰与明代并没有显著区别，礼服和常服的差别也不是很大，都主要包括袄裙和披风等。在女子婚嫁及入殓等重大仪礼场合一般要穿用凤冠霞帔，有时还戴云肩。其穿衣的形制是这样的：内穿贴身小袄，多以粉红、桃红和水红等红色为主；小袄之外穿大袄，有单袄、夹袄、棉袄、皮袄之别，袄一般比较肥大，长度要到膝盖以下，领子以圆领和斜领为主，很少用高领；下裳穿的是长裙、裤子，裙子的颜色也是以红为贵，款式变化从百褶裙到凤尾裙，不一而足，裤子也有宽窄之别，腰上常系一条宽阔的巾带；有时在这些衣服之外穿披风，披风相当于外套，上面有领子，对襟大袖，衣长到膝盖，上绣有五彩夹金线的花纹，后来又用平金的团花和水脚作装饰，甚至还点缀有各式珠宝。除此而外，汉族女子盛行缠足，穿小巧的弓鞋。多重穿衣的方式，衣服又宽松肥大，特别是缠足的存在，使汉族女子的行动举步维艰。

严格的封建服饰制度，繁琐的服饰配套，分明的服饰等级，体现了中国传统服饰文化中一贯强调的"礼"的内涵。"礼"在儒家学说中具有崇高的地位，而衣冠服饰正是"礼"的重要内容。衣冠服饰的完备，可以主国运兴衰，等级有序；衣冠服饰的风格，可强化伦理观念、人格修养。可见在儒家眼里，服装即是等级尊卑之礼的标志，是社会政治伦理秩序的表现，也是教化人群，正教理纲的重要手段。因此，儒家对服饰制度相当的重视。中国传统服饰文化作为传统礼教的重要组成部分，本身具有强烈的社会身份符号意味，其首要功能不是普通意义上的装饰审美，不是机能性，而是要维持社会的和谐稳定和井然的统治秩序，是要完成"黄帝垂衣裳而天下治"的政治使命，是封建等级秩序的标志，是与封建等级制度密切联系着的。从前面的例子中我们可以发现，这一显著特征在近代中国女装当中得到了深刻体现。

在中国传统服饰文化中，场合、季节和身份是穿衣行为所要考虑的最为重要的因素，强调多重穿衣，以及日益严密复杂的服饰配套是"贵贱有别"思想在服饰中的核心表现，因此它也就构成了中国近代女性"重装"的思想基础。由此可见，中国近代女装的样式、结构具有重要的社会符码功能。

2.1.2 "二维意识"与平面结构

清代女装在裁剪方式和结构上属于直线裁剪、平面结构，这与西方女装的裁剪方式和结构有明显区别，却与中国传统哲学思想和二维意识有密切关系。

中国传统文化中儒道互补的哲学思想和佛教文化，对中国近代女装的样式、结构产生了深远影响。儒、道、佛，三家在中国思想史上具有深远影响的学说，都在不同程度上浸洗过女装的样式、结构，铸造着中国的传统服饰文化。如果说，儒家更多的是从社会秩序、人格理想等服装社会学的角度去认识和规范女装样式的话，那么，佛家、特别是道家，则更多的是从服装心理学和视觉审美的角度给女装结构以影响。儒家坚持服饰的教化功能，要求女装遮身蔽体，不能显露体型，以符合"礼"的规范；道家主张"天人合一"，追求人身心的自由、无拘束，直线裁剪成的宽衣大袖，使人体舒适自在，人与衣物、周遭环境和谐并存，不相妨碍；而佛教超凡脱俗，抑情节欲，视人体为无物，自然不会通过服装结构去大肆表现人体，而仅仅是遮盖人体。在这些思想的影响下，中国女装并不追求三维立体形态的塑造，而是始终坚持二维空间意识。即以直线裁剪、平面构成的方式来完成女装形态，不去追求女装对于人体起伏的刻意表现。下面举几个例子来说明这一特点。

马褂：满族女子的服装种类很多，其中马褂极具代表性。马褂的款式有挽袖（袖比手臂长）、舒袖（袖不及手臂长）两类，其结构并不十分复杂。一般为圆领口、大襟，衣身较短，两侧还有开衩，非常便于活动（图2-7）。从进一步的结构分析中我们可以看出（图2-8），马褂的板型构成很整体，肩袖平直，前后衣身相连，

图 2-7

（1）图为清末皇后婉容着马褂照片（传世图照），（2）图为晚清绛紫地大洋花库金绞边琵琶襟马褂（引自《中华袍服织绣选萃》）

（1）

（2）

图 2-8

清代马褂的衣片结
构图（臧迎春绘制）

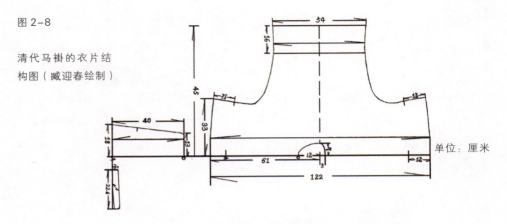

单位：厘米

一般设有接袖，采用大襟，只是腋下和下摆部位略有弧度。

坎肩：坎肩又名"紧身"、"搭护"、"背心"、"马甲"，是一种没有袖子的短上衣，式样有"一"字襟、琵琶襟、对襟、大捻襟、"人"字襟等数种，大多数情况下是穿在氅衣、衬衣、旗袍的外面。作为女子便服，其穿着非常普遍。

坎肩与马褂有很多相似之处，它的结构反映了中国传统女装最典型的直线裁剪和平面结构的特点。如图 2-9 所示，坎肩的前后衣身没有任何省道等收腰合体

（1）

（2）

（3） （4）

图 2-9

（1）图为天津杨柳青年画中穿坎肩的清代女子，（2）图为"一"字襟坎肩（引自《中国历代服饰》），（3）图为大襟坎肩（引自《中国历代服饰》），（4）图为绣罗盘花边琵琶襟坎肩（引自《中国历代妇女妆饰》）

的结构，而是直接将平面的衣片披挂在人体上，虽然并不合体，但其机能性仍然是能够得到保证的，因为坎肩上并没有设置袖子，而且衣身很短。

褂襕：褂襕是满族女子在春秋天凉时穿在袍衫外面的长坎肩，衣长至膝下左右，大多为圆领，对襟，直身，无袖，左右及后身开裾，两侧开裾至腋下，两腋下各缀有两根长带，前胸及开裾的上端各装饰一个如意头，周身加边饰。从图 2-10 中我们可以清晰地看到其前后两面构成的平面结构，直线裁剪，非常单纯、简洁。

裙子：清代裙子有百褶裙、马面裙、鱼鳞裙、凤尾裙、红喜裙、月华裙、墨花裙、粗蓝葛布裙，等等。汉族女子的服装配套与满族女子不同，满族女子多穿旗袍、马褂，而汉族女子下裳多穿裙，一般是"上襦下裙"或"上褂下裙"。裙子的结构，开始的时候是采用六幅，这也是遵循古训"裙拖六幅湘江水"而来的。后来裙幅采用

图 2-10

清代褂襕（传世实物，引自《中国历代服饰》）

八幅的结构，腰间还设计有许多细褶，行动的时候裙身上就像是水纹在颤动，这种裙子因深受人们青睐而一直沿袭到现代。但无论是上述的哪一种裙子，其基本结构都是平面结构，是可以平面展开的，在穿着时使用缠裹型的穿衣方式，这与西方女装以筒裙为主的裙型，使用套穿的穿衣方式是明显不同的。

从图2-11的结构图中，可见当时裙子的主要结构特征为直线裁剪的裙片，八片拼接，加有腰头和贴边。

旗袍：旗袍实际上是满族人穿的长袍。清代女子的袍褂形式繁多，但对后世影响最大的还要数八旗女子日常所穿的长袍，这也是我们今天所说的旗袍的真正鼻祖（图2-12）。

清代满族女子的旗袍发展大致可分为两个阶段。起初，旗袍较为窄长紧瘦，袖口也小，装饰简单，可以说是相当朴素的；后来，满族的旗袍受到汉族女子服饰的影响，逐渐变得宽阔肥大，装饰也日趋繁缛。

清朝后期，满族女子的旗袍外轮廓呈长方形，衣服上下不取腰身，宽大平直，造型线条硬朗，下长至足。初时无领，后来出现马鞍形领（又称元宝领）掩颊护面，甚至直抵耳垂。衫不外露，偏襟右衽以盘纽为饰。衣襟有"一"字襟、缺襟等。材料多用绸缎，衣上绣满各色花纹，领、袖、襟、裾都施有多重宽阔的花边，有时甚至整件衣服全用花边镶滚，几乎看不出原来的面料。假袖二至三幅，马蹄袖盖手，许多正式礼服袍的整只衣袖分成数段，每段的图案风格、色彩和面料都截然不同。日常的旗袍一般不用马蹄袖，袖口平直而宽大，衣长掩足，袖端与衣襟、衣裾也镶有各色缘边。

通过对清代旗袍的板型结构研究（图2-13），可以发现以下特点：

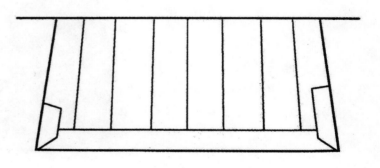

图2-11

八片裙子的结构图
（臧迎春绘制）

图 2-12

（1）图清初彩绣
旗袍（内蒙古白音
尔灯清荣宪公主墓
出土），（2）图
清末彩绣镶宽边旗
袍（传世品，转引
自《中国历代妇女
妆饰》）

（1）

（2）

（1）旗袍板型整体感强，浑然一体。旗袍采用前后衣身相连，衣身、衣袖相连等整体感很强的裁剪方式，衣片分割很少，只是在前后中心拼缝。

（2）继续沿用直线裁剪方式。服装内部结构的突出特点是肩袖平直，不收腰身，各个裁片均以直线轮廓为主。

（3）采用立领，对整套服装起到了提纲挈领的作用。

图 2-13

清代旗袍的板型结构（臧迎春绘制）

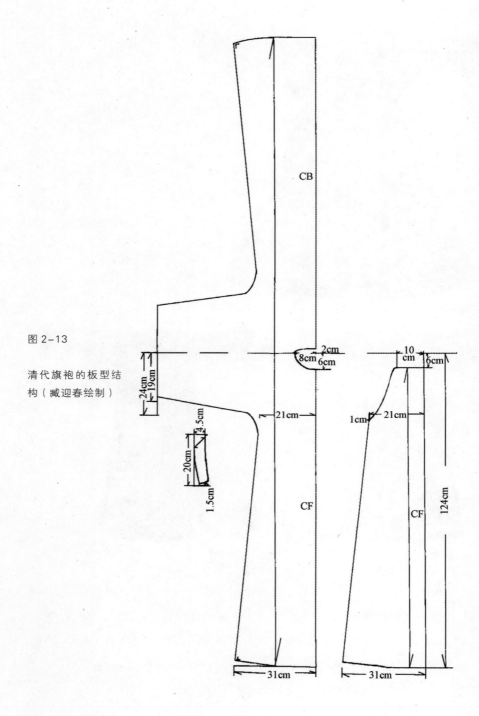

（4）采取大襟右衽的结构，遮盖性强。衣片的大襟和底襟的关系与汉民族传统中曲裾袍服的结构是一致的。

（5）突出中国特色的盘纽，既实用，又具有极强的装饰性。

（6）旗袍长及地面，采用开衩的结构，提高了衣服的运动机能。

通过上述分析可以看出，近代满族女子的旗袍并不显露腰身。特别是清朝后期，旗袍的结构宽大平直，用料厚重，装饰繁琐，满汉融合的服饰文化状态可见一斑。

综上所述，近代中国女装在结构上的一些主要特点可以概括为：直线裁剪、平面结构、没有肩缝、没有省道、没有上袖，通常只有袖底缝和侧缝相连的一条结构线，整件衣服可以平铺于地，结构简单舒展。衣服大多使用立领、盘扣、两侧多开衩、多大襟、对襟，多连袖和接袖，衣身较为宽松，遮蔽身体较为严密。这种样式、结构特点是满汉服饰相互融合，在近代女装中同时保留了两个民族不同的服饰特征而形成的。例如，旗袍是满族的服装，但却遵从儒家学说"尊右卑左"的传统，采用汉族传统的右衽结构。

二维空间意识，直线裁剪方式，平面化的结构，使中国近代女装和人体之间形成较大的空间，衣服并不适身合体，而是宽肥拖沓，表现出中国式"重装"的又一大特点。

2.1.3 "衣必锦绣"与繁缛装饰

为体现"礼"的要求，中国传统服装历来强调"衣必锦绣"。因此近代女装在样式上的一个极其显著的特征就是装饰非常丰富，工艺也很复杂，这也构成了其作为"重装"的另一个特点。

（1）衣料上的装饰

清代纺织工业规模宏大。政府在江宁（今南京）、苏州、杭州设置织造衙门，并派遣要员掌管，大批技术优秀的能工巧匠被征入官营做工，为皇家织造丝绸锦缎。与此同时，民间纺织业也有了很大发展，江、浙、湘、赣、粤诸省都出现了大的纺织工场，一些地方性的工场已具有几百架织机，拥有几千名工人，工场之间不断开展竞争，从而更促使了丝纺绣染工艺技术的进步（图2-14）。

（1）

图 2-14

（1）图为清代女式夹袄上的彩绣装饰（引自《中国历代妇女妆饰》），（2）图为清代的面料装饰（引自《中国历代服饰》）

（2）

①以织造技术的发展为基础，出现了织锦、缂丝等不同的织物。此外，为适应特殊的服饰要求，清代也很注意织工方面的改革，如将一组图案织造在一件衣服的彩缎或漳绒上，经过裁制便可直接成衣，省去了许多工序。沈从文先生在《中国古代服饰研究》一书中曾谈及："这些特种缎匹，除由织造局固定工师照成例生产外，多由北京如意馆工师设计出样，送交三织造署加工，限时定量完成，专差运京。"〔5〕织锦本身有多种花色，若加金，又有间金、满地金和浑金等区别，还可以加银。此外，绉丝、上贡、罗、纱、绢、绸等材料不一而足。

②以印染技术的发展为基础，在染色方面分先织后染和先染后织两种。其中先织后染的就包括蜡染、扎染、弹墨等不同方式。而在印色方面也有诸多不同。清朝后期女装面料的印染纹样更加新颖别致，仅一般小型作坊就能染出几百种颜色。关于当时印染技术的水平也有描述："……某种丝料染色计价之详细，织金明金以若干万条计，缂金以若干纽计，复杂到令人难以设想程度。"〔6〕

③以刺绣技术的发展为基础，出现了花色繁多的刺绣纹样。就绣工而言，除传统方法之外，还有平金、平绣、戳纱、铺绒等特种工艺技巧，针脚细密工整，色彩鲜艳华丽，富丽堂皇。清代在继承明代传统刺绣技法的基础上，还增加了堆绫、钉线、打子、穿珠等品种。当时的顾绣、湘绣、苏绣、粤绣四大名绣誉满天下。

以马褂为例，其结构虽然简洁，但却极尽装饰之能事。女式马褂往往全身施纹彩，并用花边镶饰。后妃穿用的马褂一般是先由宫廷画师画样，然后由内务府发交各地去制作，其装饰图案极其精美。有的画样是按原大尺寸画的，有的是按比例缩小画成小样，再附原大纸样的，其装饰工艺精细考究，装饰效果华美别致。

（2）衣服结构上的装饰

①装饰部位包括：衣领、肩头、袖口、门襟、下摆、开衩、接缝等处。

②装饰手法包括：镶、嵌、滚、缀等手段。而缀又包括钉珠、璎珞和流苏等不同方式。例如清末女装流行在衣缘处镶、滚，女子衣缘越来越阔，从三镶三滚，五镶五滚，发展到"十八镶滚"。《训俗条约》记载当时景象说："至于妇女衣裙，则有琵琶、对襟、大襟、百裥、满花、洋印花、一块玉等式样，而镶滚之费更甚，有所谓白旗边、金日鬼子栏杆、牡丹带、盘金间绣等名色，一衫一裙，本身绸价有定，镶滚之外，不啻加倍，且衣身居十之六，镶条居十之四，一衣仅有六分绫绸。"

女装装饰手法之多、装饰之盛从中可见一斑。

以坎肩为例，坎肩的装饰部位布满整身。装饰工艺有织花、缂丝、刺绣等。花纹有满身洒花、折枝花、整枝花、独棵花、皮球花、百蝶、仙鹤等等，内容都寓有吉祥含意。清中后期，在坎肩上施加如意头、多层滚边，除刺绣花边之外，还有的加多层绦子花边、捻金绸缎镶边，有的更在下摆加流苏串珠等装饰（图2-15）。

再如氅衣，在其领托、袖身、袖口、衣领至腋下相交处及侧摆、下摆等处往往都镶滚不同色彩、不同工艺、不同质料的花边、花绦、狗牙，等等（图2-16）。

（3）用作装饰的衣服品种

为满足装饰的需要，近代女装当中还出现了一些装饰性很强的服饰，其种类繁多，不胜枚举。下面就与女装样式、结构密切相关的几类略加论述。

云肩：清末江南女子梳低垂的发髻，为防止衣服肩部被发髻油腻弄脏，因此常常在肩部戴"云肩"。云肩作为清代女子披在肩上的饰物，其样式非常华美，

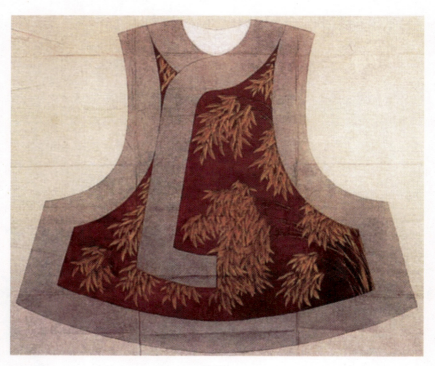

（1）

（2）

（3）

（4）

图 2-15

清代女式坎肩的装饰部位分布和装饰手段，（2）图为晚清坎肩（传世品，引自《中华袍服织绣选萃》），（3）图为晚清刺绣琵琶襟坎肩（引自《中国服装史》），（1）图、（4）图为清慈禧衣服样（引自《中华服饰艺术》）

图 2-16

（1）图为清代女子
氅衣上的装饰部位分
布和装饰手段（传世
品，图引自《中国历
代服饰》），（2）
图引自《中国服装史》

（1）

（2）

工艺也相当考究，因此近代女子也常在婚礼服上穿用。近代上层社会女子所用云肩，样式丰富、制作精美，有剪彩作莲花形的，有结线为璎珞的（图2-17）。而慈禧的一件云肩，竟用3500颗珍珠穿织而成，其装饰之繁缛、工艺之高超可见一斑。

（1）

（2）

图 2-17

（1）图为清代女子的云肩（传世品，引自《中国历代妇女妆饰》），（2）图为穿云肩的女子（引自清禹之鼎《女乐图》局部）

霞帔：清代的"霞帔"是阔如背心，中间缀以补子，下面施彩色流苏的样式，是诰命夫人专用的服饰，随品级高低而有所不同。因为具有重要的标志身份等级的功能，所以其装饰手段也就非常繁复（图 2-18、图 2-19）。

（1）

（2）

图 2-18

清代女子所使用的霞帔上的装饰 [传世品，（1）图引自《中国历代妇女妆饰》，（2）图引自《中国美术全集·印染织绣下集》，原件现藏清华大学美术学院，（3）图引自《中国历代服饰》]

（3）

图 2-19

本页均为清代女子领约
的装饰风格（引自《中
国历代妇女妆饰》）

独特的裙子：裙子是中国近代女装的重要组成部分，裙上的装饰也非常讲究（图2-20）。以手绘做装饰的，据说有一种浅色画裙，名叫"月华裙"，裙幅共有十幅，腰间每褶各用一色，轻描淡绘，色彩非常淡雅，有"风动色如月华"之称，因此得名。以刺绣做装饰的，是用绸缎裁剪成大小规则的条子，每条绣以花鸟图案，另在两畔镶以金线的裙子，称为"凤尾裙"。以褶裥做装饰的，是将整块缎料折成细褶，做成"百褶裙"。但也有综合使用各种装饰手段的，例如百褶裙的前后有宽20厘米左右的平幅裙门，裙门的下半部作为主要装饰区，上面就绣有各种华丽的纹饰，以花鸟虫蝶最为流行，裙门周边还施加缘饰，裙门两侧各打细褶，细褶上也绣有精细的花纹，上加围腰和系带，底摆加镶边，等等。此外，还有一种鱼鳞裙，它的形式与百褶裙相同，因百褶裙的细褶日久容易散乱，所以后来以细丝线将百褶交叉串联，若将其轻轻掰开，则褶幅展开如鱼鳞状，形成了另外一种装饰。

马面裙的前面有平幅裙门，后面有平幅裙背，两侧有褶。裙门、裙背加纹饰。上有裙腰和系带（图2-21）。以马面裙为基础，又衍生出了阑杆裙，它是在两侧的褶裥部分又加了许多条饰。

（1）　　　　　　　　　　　　　　　（2）

图2-20

清代女裙及其装饰

［传世品，（1）图引自《中华服饰艺术源流》，（2）图引自《中国历代妇女妆饰》］

（1）

图 2-21

马面裙和阑杆裙的装饰（传世品，（1）图引自《中国历代服饰》，（2）图引自《中华服饰艺术源流》，（3）图引自《中国历代妇女妆饰》）

（2）

（3）

凤尾裙的装饰更为夸张，它有三种类型：第一种是在裙腰下缀绣花条凤尾；第二种是在裙子外面加饰绣花条凤尾，每条凤尾下端垂小铃铛；第三种是上衣与下裙相连，上附云肩，裙子外面加饰绣花条凤尾，每条凤尾下端垂小铃铛。第三种凤尾裙，在戏曲服装中称为"舞衣"，在生活中也作为新娘的婚礼服用（图2-22）。

（4）装饰效果

中国近代女装在装饰效果方面有自己独特的审美标准。主要采用衣服表面的平面装饰，追求二维的平面效果，强调衣服表面的平整和图案画面的完整性，这与西方服装表面的立体装饰形成对比，而装饰纹样在中国女装的装饰中也就显得尤为重要。

装饰纹样的大量使用是中国近代女装的特色之一。从明代开始就盛行在衣料上使用以祥云纹、万字纹、如意纹、龙凤纹以及百花、百兽等各种纹样组织起来的"吉祥图案"。人们常将几种不同形状的图案配合在一起，或寄予"寓意"，或取其"谐音"，或抒发感情，以此寄托美好的愿望。这些富有浓厚民族色彩的传统艺术在明清两代的织物纹样上体现得相当充分：如"福从天来"、"丹凤朝阳"、"青鸾献寿"、"喜上眉梢"、"金玉满堂"、"宜男多子"、"连年有余"、"平

图 2-22

清代女性的凤尾裙（传世品，引自《中国历代妇女妆饰》）

升三级"，等等。此外，还有"八仙"、"八宝"、"八吉祥"等名目。尽管这些图案的形状各不相同，结构也比较复杂，但在一幅画面上，被组织得相当和谐。它们常在主体纹样中穿插一些云纹、枝叶或飘带，给人以轻松活泼的感觉。清代的织物纹样，在继承明代传统的基础上，又有了一些发展，龙狮麒麟百兽、凤凰仙鹤百鸟、梅兰竹菊百花以及八宝、八仙、福禄寿喜等都是常用的题材，其色彩鲜艳复杂，图案纤细繁缛，层次丰富。而清末受到西方面料纹样的影响，又有一些新的风格出现。

综上所述可以看出，近代中国女装上使用了大量的装饰，这些装饰或者用来区分身份等级，或者用来寄予吉祥寓意，或者用来达到审美目的。同二维的女装结构相呼应，装饰也以平面效果为主。装饰手段主要是中国传统的镶、嵌、滚、盘、绣几大工艺。这些工艺的巧妙运用，使中国女装虽造型、结构简洁，但在装饰上却色彩斑斓，雍容华美。不管怎样，繁缛的装饰构成了近代中国女装样式的一大特点，它在使人视觉极大丰富的同时，也使"重装"的特征更加显著。

2.1.4 "短勿见肤"与衣长及地

由于儒家思想的影响，近代中国女装一般都将身体遮蔽得比较严密，所以衣服大都比较长，即遵循"长勿披土，短勿见肤"的礼制规范。在儒家的礼教思想看来，女性的服装要体现庄重、含蓄、内敛、顺从的精神，要符合"三从四德"的礼教规范，要严密地遮蔽身体，而不是张扬个性、显露身体、体现人体的魅力。礼教思想铸造了近代中国社会的审美规范，在这种以遮蔽为美的思想影响下，女装必然要表现得宽大长肥，是不能让皮肤轻易地显露出来的。否则就被视为伤风败俗，破坏了社会的礼仪规范和道德规范。长长的衣裙严重影响了服装的机能性，成为"重装"的又一个特征。

在先前的描述中我们可以看到，皇后礼服当中的朝袍、朝褂和朝裙都是衣长掩足的，常服中的衬衣和氅衣也是长至地面的，以营造一种端庄、肃穆、华贵的感觉。满族女子的旗袍在清代末期更是宽松肥大，衣长甚至要遮蔽高高的"旗鞋"（图2-23）。

（1）　　　　　　（2）

图 2-23

衣长及地的清代服饰
〔（1）图为传世图照，
（2）图引自北京故宫博
物院藏《慈禧写真像》〕

2.1.5　"夫权思想"与"弓鞋""旗鞋"

在近代中国汉族女性的服饰行为中，"缠足"是一个重要的服饰现象，是在本书中不能不提的。

清代，女子缠足到了登峰造极的鼎盛时期。虽然清代曾禁止缠足，但无奈风俗一时不易扭转，女子小脚反受到男权社会前所未有的狂热崇拜。这表现在：脚的大小、形状成了评判女子美与丑的重要标准甚至是唯一标准；"三寸金莲"之说深入人心，清代的缠足不仅裹至三寸，甚而裹至不到三寸；同时对于缠足的要求也越来越高，缠法也越来越讲究。"妙莲"[7]的出现正是当时缠足风气的集中表现。

与"金莲"相呼应，莲鞋的基本特征也有四点：小，尖，弯，高。因此莲鞋又有"弓鞋""高底"之称。清代北方地区莲鞋鞋尖普遍向下屈曲，南方地区则多上翘，高底盛行，鞋底弯曲程度则处于不断变化之中（图 2-24）。

"三寸金莲"的习俗在中国历史上影响很大，据《缠足史》的描述：此习俗从北宋开始，迅速发展，愈演愈烈，至明代而大盛，至清代而鼎盛，缠足习俗由北及南，缠成的金莲由大而小，由直而弯，为缠得一双三寸金莲，缠足者往往骨

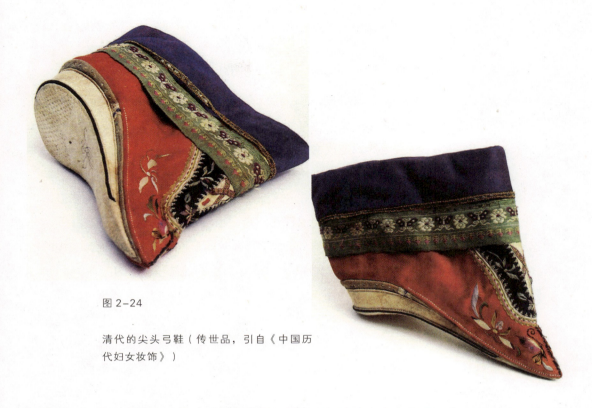

图 2-24

清代的尖头弓鞋（传世品，引自《中国历代妇女妆饰》）

折肉烂，历尽极度煎熬，甚至许多女子因缠足而不能行走，成为所谓"抱小姐"的废人。

缠足，在中国女性服饰史上具有深远意味，它体现了当时中国独特的审美标准和男尊女卑的社会结构。"这种审美心理事实上包含了浓厚的性意识。"清朝文人李渔在其《闲情偶记》中甚至公然声称："缠足的最高目的是为了满足男人的性欲。由于小脚'香艳欲绝'。玩弄起来足以使人'魂销千古'，他竟将小脚的玩法归纳出了 43 种之多。……可以说在古代小脚是女人除阴部、乳房外的'第三性器官'。……甚至穿在小脚上的绣鞋也被赋予了性的内涵。"[8]众所周知，中国礼教对于女性的要求和束缚是极其严格的，而"大门不出，二门不迈"则是女子妇德的标准之一，被缠裹得行走不便或者完全失去行走能力的小脚也就成了维护这一妇德的保障。被闭锁在家庭中的女性"以夫为天"，自古以来在中国社会被认为是天经地义的事情。从这个意义上讲，缠足是"对于女性的规范，要求女性得谨守贞节，男女内外各处，男女异群，妇女须深处闺中，谨守规范，以柔顺为正则，在这样的社会潮流之下，缠足很快地被发现到是推行女教很好的手段。……女性缠脚以后行动不便，处处受到限制，因此成为谨守规范的保证，在男权高涨的时代环境下，也是一夫多妻制最有力的保障措施。"〔9〕正如冯骥才在《为大地的一段历史送终》一文中所写到的："或说这是为了约束女人的行动，或说是把这秘不示人的小脚改造成变相的性器官，供男人玩弄。其实这一切更深的本质，原都是封建制度的创造。封建制度依靠对人的扼制而维持。它表现在男人所主宰的社会中，便是对女人的专政。这专政的极致则是把变态的性心理也渗入进去。中国女人的缠足与封建社会的深化同步，也与中国社会的封闭同步。"〔10〕中国女子的缠足，已经不再只是对于女性形体的畸形审美，而且也是对女性的精神束缚，从而完全凌驾和占有女性，维护夫权社会封建统治秩序的需要。

与汉族女子不同，上层社会的满族女子一般不缠足，但却穿高底"旗鞋"。满族女子受女真人"削木为履"的习俗影响，穿木底的"旗鞋"。其特点是在鞋底中间脚心部分有一个高10厘米左右的底，高底的形状有的像花盆，称为"盆底鞋"，有的像马蹄，称为"马蹄底鞋"。鞋跟都用白细布裱蒙，鞋面用刺绣、穿珠绣等工艺施加纹饰。与"三寸金莲"相似的是，穿上这种高高的"旗鞋"走路并不容易，是须得经过一些训练方能适应的。

几百年来的缠足陋习给中国女性带来了深刻的痛苦，在中国女性的心灵上留下了深深的烙印，也从一个侧面反映出中国近代社会的夫权意识和审美心理。从前面的分析可以看出，中国近代女装在样式、结构上对于女性人体的性别特征采取了模糊的、遮盖的处理方式，使女性的性别特征被弱化，消减了视觉上"性感"的冲击力。这是与中国传统礼教相吻合的。但是，在中国女性服饰对"性感"魅力的追求并没有因此而被完全去除，而是以隐讳的方式转化到了"三寸金莲"之上，"三寸金莲"成为表现女性性感的关键。值得关注的是，相对于宽松、离体的近代中国女装，"三寸金莲"却表现出对于女性人体的极端束缚，这一矛盾的、戏剧性的对比绝不是偶然出现的，它不仅反映了传统礼教对女性服饰的强大影响，而且也反映了对立于这种礼教的、一种被扭曲的人类天性——对于"性感"的追求。

然而，与近代女装的样式、结构产生互补的"三寸金莲"的意义还远不止于此，对"三寸金莲"的革除在日后成为中国女性解放的重要环节，它在近现代中国女性寻求解放的历程中始终扮演着重要角色，对它的摒弃也是日后中国女装从"重装"走向"轻装"的标志之一。

2.1.6　"好古存旧"与"上下分属制"

据文献记载，中国早期的服装是以短衣加围裳的形式出现的，即"上衣下裳制"。后来虽然出现了深衣、袍衫之类的"上下连属"的长衣，但"上下分属制"的服装仍然应用得很普遍，特别是在女性服饰中。中国传统儒家思想历来讲究"好古存旧"、"崇祖怀义"，主张继承服饰传统，以体现"不忘祖训"的观念，"上下分属制"女装也就成了这种传统思想的重要表现之一。女子一般只在重大典礼时才穿"上下连属"的长衣，日常则大多穿"上衣下裳"的短衣，长期以来形成中国女性的一种穿衣习惯，并作为一种主要的形制、一种服饰传统被传承，而且由于其机能性的优势在民间得到广泛普及，这种形制是中国女装的主要形制之一（图2-25）。

在"上下分属制"女装中有上衣配裙子和上衣配裤子两种。近代中国女性的上衣一般形制是立领、直身、平袖，有大襟和对襟等不同款式，衣身普遍比较宽松，周身加边饰；裙子的形制主要是以"缠裹式"为主，包括百褶裙、马面裙、凤尾裙等，宽松、肥大、裙长及地、装饰丰富。

下穿裤子是中国女性历来的着装习惯，但近代之前的女性一般把裤子当作内衣来穿着，是穿在裙子或袍子里面的，只有下层妇女因为劳作的原因才可以直接把裤子穿着在外。这与西方女性的穿衣习惯明显不同，西方女性在近代多是穿裙的。

中国早期的裤也叫"绔"，只有两个裤管，穿的时候套在胫上，所以也叫"胫衣"。《说文·系部》中讲道："绔，胫衣也。"段玉裁注："今所谓套绔也，左右各一，分衣两胫。"到了战国以后，裤子得到了改善。据《汉书·上宫皇后传》记：西汉名将霍去病之弟霍光受汉武帝遗诏，辅助昭帝即位，并将自己的外孙女嫁给昭帝做皇后。为了让皇后"擅宠有子"，他特以皇帝身体不安为由，提出"禁内"，让后宫的女子穿上了有裆的裤子，这就是中国女装中较早出现的合裆裤。裤子最初以"胫衣"的形式出现，经过长期的演变和发展，后来又恢复到"胫衣"

图 2-25

（1）

（2）

"上下分属制"的近代中国女装
［（1）图为传世图照，引自《慈禧
写真像》，（2）图为披云肩的明代
妇女，引自《中国历代妇女妆饰》］

的形式上来。[11]只是先秦时期的"胫衣"多贴体穿着，而宋明时期的"膝裤"（即
"胫衣"）还可加罩在长裤之外。

据史料记载，清代汉族女子穿"膝裤"十分普遍，"膝裤"大多做成平口，
上到膝盖，下到脚踝，穿的时候用带子系在膝盖上。清代也称"膝裤"为"套裤"，
因为它的长度已不限于膝下，也有遮覆住大腿的。所用质料有缎、纱、绸、呢等，
也有做成夹裤或在夹裤中蓄以絮棉的，后者多用于冬季。裤管的造型也有多种：
清初时上下垂直，呈直筒状；清中叶变为上宽下窄，裤管底部紧裹于胫，为了穿
着方便，多在裤脚部分开衩，穿上的时候以带系结；到了晚清时期，又崇尚起一
种宽松式的套裤，裤管之大比最初翻倍。这个时期的裤管上端大多被裁制成尖角状，
穿着时露出臀部及大腿外侧，女子所穿的"套裤"，裤管下脚常镶有花边，所用
布帛色彩也较鲜艳（图 2-26）。除"套裤"外，普通的长裤在明清两代仍然被使

（1）

（2）

图 2-26

（1）图为清代女式膝裤（引自《中国历代妇女妆饰》，周汛绘），（2）图为清代女套裤（传世品），（3）图为着裤装的晚清女子（引自吴友如《海上百美图》）

（3）

用着，上层社会女性衬在袍衫长裙之内，劳动妇女也可和襦袄等配用，被穿着在外。所用质料也有多种，视季节而有所区别。

2.1.7 "思想启蒙"与女装改革

清朝中后期，国力渐衰，帝国主义列强开始瓜分中国领土，大清帝国封闭的国门在1840年的鸦片战争后被迫打开。为强国富民，寻求革故求新的办法，"洋务派"开始积极向西方学习，开展洋务运动，并引进西方的洋枪洋炮强化军队。清廷也向国外派遣留学生，大批青年出国留学，受到国外进步思想的影响，掀起剪辫易服风潮，他们纷纷剪去辫发，穿起西服。从此，西式的学生操衣、操帽和西式军装开始在中国学生和军人中出现，这为后来的服装改革作了铺垫。

1894年甲午战争的失败在全国引起极大震动。与此同时，西洋文化东渐，对国内生活的影响也越来越大。19世纪末，一批资产阶级改良主义者联名上书，建议清廷变法维新，其中包括改革服饰制度。如要求"皇上身先断发易服，诏天下同时断发，与民更始。令百官易服而朝，其小民一听其便。则举国尚武之风，跃跃欲振，更新之气，光彻大新。"[12] 但由于积习过深和保守势力的阻挠，这些建议没有能够实行，只在军警服装及学生操练用的服饰上作了一些改革，其他仍和原来一样。宣统初年，外交大臣伍廷芳再次奏请剪辫易服。清朝政府迫于全国人民的压力，不得不为此事"立案议会"，然而终究是纸上谈兵，未能付诸实施。但这些努力都为现代中国女装的变革打下了一定的基础，中国处在了服饰大变革的准备时期。

中国近现代女装的变革与发展是与女性思想启蒙密不可分的。杨联芬在《清末女权：从语言到文学》一文中对于清末中国女性问题的探讨值得关注："中国关于女性和女权问题的现代性思考，也始于清末启蒙运动，是随汉语中'女权'、'女学'、'男女平权'、'不缠足'等概念的出现而产生，并随女权话语在社会的通行而逐渐兴起的。中国女学的开办，尽管在19世纪40年代就开始（1844年英国东方女子教育协进社在宁波创办中国第一所女子学堂，至1880年，西方教会在中国开办的女子学校有200余所），但由于是传教士所办，'女学'的形式及相应的女子受教育权，尚未被中国文化接纳，'女学'、'女权'一类概念，未能进入中国人的语言和意识中。"[13]

众所周知，在实行一夫多妻制度的中国封建社会，处于男性统治下的女性角色，几乎只是男权制度中的陪衬物，她们没有平等独立的意识与权力。清末民初，伴随着西学东渐与本土内部对传统文化的冲决，女性解放渐渐成为一股风潮。"女权与女性解放作为一种观念意识进入中国社会，是在1896年启蒙运动开始之后。庚子事变后，清廷对办女学、不缠足的积极表态，促使'女学'、'不缠足'等有关女权的话语，由精英语言进入社会语言。翻阅20世纪初的报刊，《女报》、《女学报》、《女子世界》、《中国女报》、《北京女报》等以女性为读者的报刊自不必说，竭力鼓动女子放足、上学、自立，《大公报》、《苏报》、《湘报》、《江苏》等，无论私办还是官办，保守的还是激进的，维新的还是革命的，在倡导女学、敦促女子解放方面，都持相近的态度，形成强大的舆论合力。""清末女权运动，由男性主导，与推进社会政治现代化的思想启蒙运动相伴随，与西方自发产生、女性主导的女权运动相比，是非自主与非独立的。清末女权运动，从倡导办女学、不缠足起步，与西方19世纪妇女争取选举权、参政权的女权运动相比，也不啻于'史前'水平。女学兴起后女性对自由的向往与追求；与当时女权话语的具体内容——不缠足、女子接受教育、男女平权、婚姻自主相关。"[14]

可以说，正是由于女权思想在中国的传播和女子解放运动的兴起，中国近现代女装从"重装"到"轻装"的发展才逐渐奠定了其必要的社会基础。女性启蒙思想是19世纪末、20世纪初出现在中国社会的一种新思潮，属于中国近现代思想启蒙运动的重要组成部分，对中国女装样式、结构的变化，对女装的"现代化"发展产生了深远影响。

从晚清开始，现代的生活模式就开始逐渐在中国出现。西方传入的新事物、新观念在中国当时特定的土壤中发酵演变而成为中国现代文化的组成部分。而中国的复杂性就在于其文化传统的复杂性，当一些新观念进入中国晚清社会时，它们与中国本身的文化产生了一系列非常复杂的碰撞，这种碰撞的结果最后成为中国现代文化的基础。西方思想观念和事物的进入不仅是一种冲击，而且是一种启迪，它从直接和间接两个方面影响了中国的变化，引发了中国女装的"轻装"化。在当时的中国，服饰制度的改革不仅意味着生活方式的改变，而且也意味着政治制度的改变，它是整个社会变革的一种象征。

综上所述，近代中国女装在样式、结构上的特点可以概括为：服饰配套讲究，服装等级严明，服饰制度浩繁；直线裁剪，衣片结构简洁整体，强调二维平面构成，造型宽松离体，衣长及地；装饰奢华，繁缛复杂；缠足之风盛行，夫权思想严重；缺乏机能性，限制了女性的自由，谓之"重装"，名副其实。而这形制之重的基础，却是束缚现代女装发展的封建社会的思想之重、制度之重和传统之重。

2.2　一波三折地突破传统"重装"重围

西洋服装史上所说的近代，是指 1789 年法国大革命到 20 世纪初第一次世界大战爆发的 1914 年为止的这一个多世纪。这个时期的法国社会，"无论是政治、经济还是各种文化现象都发生了巨大的变化。从政治上看，1789 年法国资产阶级大革命宣告了封建专制统治政体的结束，法国从此进入资本主义社会，经 1795~1799 年的督政府执政的第一共和制，1799~1804 年的三执政官政府时代，最后迎来了拿破仑的第一帝政时代（1804~1814），拿破仑垮台后，1814~1848 年，波旁王朝复辟，1848 年的二月革命又建立了第二共和制，接着又进入拿破仑三世的第二帝政时代（1852~1870 年），1871 年巴黎公社革命之后，一直到 1914 年是法国的第三共和制，这种政治上拉锯式的反复变革，必然带来社会结构的剧变，作为社会的镜子的服装文化也随之发生一系列的变化。"[15]

西欧社会通过工业革命和法国大革命打开了封建主义封闭的大门，向近代工业社会急速转变。科学的发展改变着人们的生活方式和生活意识，"与服装有关的是 1846 年美国的豪发明了缝纫机；1856 年英国的帕肯发现了化学染料阿尼林（Anilin，生色精）；1884 年，法国的查尔东耐发明了人造纤维。另外，从 1830 年左右起，时装杂志开始在欧洲普及；1858 年英国人查尔斯·夫莱戴里克·沃斯在巴黎以拿破仑三世的王后欧仁妮为首的上流女性为顾客，创立了高级时装店，从此，巴黎树起了一面指导世界流行的大旗，进一步奠定了巴黎作为世界时装发源地和流行中心的国际地位；1836 年，英国的普朗歇、1852 年法国的拉克罗阿所著的服饰史引起了人们对服装发展史的研究兴趣。与此同时，美国的成衣产业急速发展起来，女性解放运动也蓬勃兴起……整个 19 世纪作为现代文明的黎明期，从各个方面为 20 世纪新的生活样式的到来做着精神和物质上的准备。"[16]

与男装相比，19 世纪女装的样式变化极其显著。这是由于工业革命、法国大革命和资本主义社会的发展，使男性开始"从事近代工业及商业等领域的社会活动，生活场所发生了质的变化。特别是封建主义身份制度的崩溃，男性已没有必要再穿象征权威的夸张性的装饰过剩的衣服，开始追求衣服的合理性、活动性和机能性，因而，到 19 世纪中叶完成了近代化的男服，后来在样式上的变化就不那么明显了。"[17]而女装则不同，在男权社会中，女性的社会地位和生活场所并没有发生本质上的转变，女装样式、结构的发展不像男装那样与工业社会的发展同步，而是陷在传统中难以自拔，在近代向"轻装"发展的过程中出现了一波三折、不断重复历史的局面，这一历程体现出近代法国女装摆脱传统"重装"，向现代"轻装"发展的艰难所在。

2.2.1 "腰身之美"与整形内衣

19 世纪法国女装的样式与结构变化是很丰富的，它重现了过去曾出现过的样式："希腊风——16 世纪的西班牙风——洛可可风——'巴塞尔'样式等"[18]，因此它也被称为"样式模仿的世纪"。其实这既是一个复古的世纪，也是一个探索的世纪。一方面，从 19 世纪的法国女装可以看出法国乃至西方女装整体的服饰传统和风貌；另一方面，由于时代的进步，尤其是思想文化和科学技术的进步，19 世纪的法国女装在样式、结构上都有了长足的发展，这为其从"重装"向"轻装"演变奠定了坚实的基础（图 2-27）。

自文艺复兴以来，西方女装一直重视女性胸腰臀起伏所构成的人体曲线的塑造，认为这是表现女性魅力的关键所在。在这种审美思想的支配下，女装被看作是一种可以自由发挥想象的造型方式，在强调丰臀的裙子越来越膨大化的同时，女性的腰被紧身胸衣越勒越细，从而形成了具有唯美主义倾向的人工美的服饰造型。也正是从这个时代开始，女性的丰乳、细腰、肥臀成为表现女性性感特征的重要因素。为夸张这一特征，紧身胸衣和裙撑也就成了必不可少的组合。它们在文艺复兴以后流行于整个欧洲，并由此使西方女装上半身贴体束腰与下半身膨大化的造型成为经典样式确定下来。18 世纪，在洛可可风达到鼎盛的路易十五时代

（1）

图 2-27

（1）图是 19 世纪法国女装样式的演变（引自 *The Fine Art of Fashion*），（2）图是 18 世纪至当代法国女装所塑造的女性人体形态对照图表

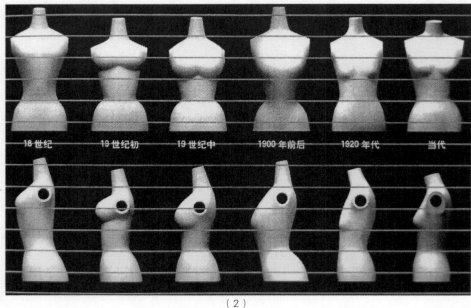

18 世纪　19 世纪初　19 世纪中　1900 年前后　1920 年代　当代

（2）

（1715~1774），法国女装中的紧身胸衣和裙撑也发展到了一个巅峰时期，紧身胸衣更加合体，裙撑"帕尼埃"[19]以向左右两侧横向扩张为特色，以庞大的体积而著称，据传最高记录的横宽可达 4 米。[20]这是法国女装达到"重装"登峰造极的时期，女性的腰身曲线极为夸张，上面还充满了缎带、蝴蝶结、层叠的蕾丝、皱褶、堆绣、镶嵌和人造花等装饰（图 2-28）。这样的服装给女性带来了沉重的负担，行动极为不便。

　　在法国女装中，紧身胸衣和裙撑曾扮演过非常重要的角色。这是因为在长达三百多年的历史中，紧身胸衣和裙撑一直是创造时尚、追求法国"高尚"审美品

（1）

图 2-28

（2）

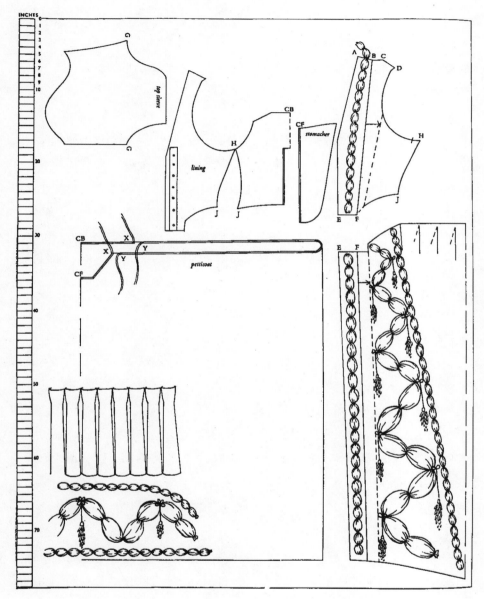

图 2-28

18世纪的紧身胸衣和裙撑的形态及以其为基础所形成的女装样式、结构［（1）图引自 *Fashion*，（2）图引自 *18th Pattern*，（3）图引自 *A History of Fashion*］

（3）

位的重要工具。作为整形用内衣，紧身胸衣和裙撑的组合是法国近代女装样式、结构演变的核心，对塑造当时时髦的女性形象起了至关重要的作用，它们也是形成法国近代女装样式、结构特征的关键所在，集中体现了近代法国女装对腰身之美的追求。根据这一特点，本文在对近代法国女装样式、结构的研究中，主要是以整形内衣的演变为线索来展开、推进和深入的。

（1）"希腊式"女装

1789 年的法国大革命从政治上摧毁了路易王朝的封建专制制度，使得社会面貌呈现出许多现代的特征，[21]人们的审美取向非常明确地从强调装饰的洛可可风格向着简约朴素的新古典主义风格转变，体现出通过回归古典形式重新建立理性和秩序的意图，这是社会价值观念发生重大改变的直接反映。尊重自然的新古典主义思潮逐渐渗透，服饰也显示出从人工形态向自然形态回归的倾向。"新古典主义时期"[22]是指 1789~1825 年这个阶段，"希腊式"（即高腰身的衬裙式女装）女装主要就出现在这个阶段。这一时期虽然短暂，但对于后来女装"轻装"化的进程却具有深远影响。

新古典主义实际上就是古希腊风格的复兴，这种思潮使法国女装开始崇尚古希腊、古罗马的那种自然样式，追求简练、朴素和人体的自然美，与装饰繁多、矫揉造作、强调人工美的洛可可风格形成强烈的对比。"希腊式"女装是这一时期的典型样式，这是一种用白色细棉布做成的宽松的高腰连衣裙。它在一定程度上弱化了女性的人体曲线，其女装特点主要表现为：腰际线提高到乳房下，使人体的视觉重心得到提升，下身比例更加修长；胸部内侧有护胸层，取代了紧身胸衣，一度解除了紧身胸衣对女体的束缚，同时也去除了笨重的裙撑，整形内衣消失了，甚至不穿内衣，出现了能透过衣料看到人体自然形态的薄衣型服装样式（图 2-29）。

"希腊式"女装可以看作是对文艺复兴时期以来极端强调女性腰身曲线样式的反思。洛可可时期那种繁缛、庞大、装饰过剩、束缚人体的女装风格遭到扬弃，女装样式回到朴素自然的形态，体现出解放女性人体的特征，它是新兴的资产阶级思想冲破封建专制思想的体现，是从束缚走向解放的一次尝试，为 20 世纪的女装发展埋下了伏笔。

图 2-29

新古典主义时期的"希腊式"女装（法国新古典主义画家大卫的作品，引自《博物馆藏画集》）

（2）"X"型女装

新旧两种价值观念的交锋往往是拉锯似的，代表新兴资产阶级的新古典主义思潮和代表王朝复辟势力的旧贵族思想的交锋也是如此。拿破仑帝国覆灭后，经过王朝复辟，1830 年的"七月革命"，1848 年的巴黎"二月革命"、"六月革命"，法国社会风云变幻，许多人对前景失去信心，情绪低落，逃避现实，耽于幻想，上流社会生活中更加强调情感的重要。无论在文学、艺术，还是在服装上都出现了复活中世纪文化的倾向。此外，梦想资本主义无限发展的资产阶级浪漫主义思想和企图向贵族时代复归的复古浪漫主义思想混合在一起，共同形成了这个时代独特的社会风潮——浪漫主义思潮。与之相应，女装也出现了一种充满幻想色彩的样式——浪漫主义样式。

在浪漫主义思潮的影响下，紧身胸衣重新回到女人身上，流行的重点也再一次回到了表现女性的人体曲线上。这时的紧身胸衣是把数层斜纹棉布用很细的线迹缉合在一起，或用涂胶的硬麻布做成的长及臀部的新型胸衣。它对于丰满的臀和胸采用插入细长的三角形裆布的技巧使其合体，前面把乳房托起，腰腹部束紧，压平，背部中央用绳子扎紧，以起到整形作用。在此基础上，王朝复辟时代的紧身胸衣则完全用棉布做成，穿起来也较为舒服些。与紧身胸衣的形态相呼应，女装的腰线也自高腰身位置下降，逐渐降到人体腰围的自然位置（图 2-30）。女装的样式表现为：整个上半身缝制得非常合体，衣服一般多在背部开口系扎，如果

图 2-30

浪漫主义时期的女装样
式，腰线已经降到人体
腰围的自然位置（引自 *A History of Fashion*）

前开襟，就使用挂钩扣合。为强调细腰，衣服前中心的装饰线呈极尖的锐角，袖根部则极度膨大化，裙子也向外扩张，形成字母"X"形（图2-31）。浪漫主义

图2-31

浪漫主义时期的女装样式呈"X"形，女性的腰身曲线被夸张和强调（引自 *A History of Fashion*）

样式在腰线位置下降、腰身被收细的同时，裙子上会出现很多衣褶，其量感通过在里面穿数条衬裙而不断加剧，使人体的曲线起伏更加强烈。此外，罩裙在前面A形打开，露出里面的异色衬裙，也使视觉感受更加丰富。

（3）"克里诺林"女装

1852年12月2日，路易·波拿巴正式称帝，从此一直到1870年，法国进入近代史上第二帝政时代。19世纪50和60年代，法国资本主义得到迅速发展，完成了工业革命。1867年巴黎的博览会标志着法国工业在世界上的先进地位。与此同时，法国也大肆向外扩张，加紧殖民掠夺。由于1850~1870年间又一次复兴了18世纪的洛可可趣味，因此被称为"新洛可可时期"（图2-32）。又因女装上

（1）

大量使用裙撑"克里诺林"（Crinoline），[23]因此在服装史上也常称作"克里诺林时代"。受社会审美取向的影响，这一时期上流社会女性崇尚柔弱娇美的形象，女装也放弃了对机能性的追求，又向束缚行动自由的方向发展。

19世纪中期以来，人们为追随流行形象，对紧身胸衣进行了各种改良，这包括使紧身胸衣穿用时不易起皱，不会因身体运动而移位，内嵌的鲸须或铁丝不易折断，以及拼缝和内嵌铁丝对动作不产生阻碍等。其做法有两种：一种是为了突出乳房和臀部造型而施加三角形裆布的方法，另一种是通过数片不同形状的布纵向拼接做成合乎体型起伏的造型。此外，蒸汽定型法，织造技术的进步，各种华美材料的运用，缝纫机的出现，都促进了紧身胸衣的发展。同时期还出现了专门生产各种紧身胸衣的制造商，他们利用宣传媒介拼命向人们鼓吹紧身胸衣的产品特色，兜售产品。时装杂志在详细解说流行趋势的同时，也不断向人们灌输有关紧身胸衣的知识。至此，紧身胸衣的发展已经进入了它的全盛时代。"新洛可可时期"的紧身胸衣是强调腰肢纤细的不可缺少的整形用具。

（2）

图2-32

（1）图、（2）图为欧仁妮皇后及其上流社会的女性着装图〔引自《博物馆藏画集》），拿破仑三世的妻子是有名的美人欧仁妮，她活跃于高级社交界，法国宫廷也几乎是以她为中心。她气质优雅，时尚感敏锐，对当时的流行影响很大

　　这时，新的裙撑——"克里诺林"应运而生。浪漫主义时期裙子的膨大化是靠穿数层衬裙来实现的，一般重叠 4 至 6 层衬裙，据说 19 世纪 50 年代还曾出现重叠 30 层之多者，这使女装的下半部越来越沉重，特别是破坏了腰部的纤细效果，因此，人们创造出用马尾衬（麻和马尾交织）做的硬衬裙。随着裙子膨大化的不断加剧，为了保持造型，人们又在这硬衬裙中水平加入几个细铁丝圈，这种加入轮骨的衬裙叫作"克里诺林"。"克里诺林"的使用大大减少了衬裙的层数，但初期的"克里诺林"是一个圆屋顶形的笨重硬壳，穿着者出入门、乘坐马车时都极不方便（图 2-33）。

　　1850 年底，英国人发明了不用马尾硬衬的裙撑，是用鲸须、鸟羽的茎骨、细铁丝或藤条做轮骨，用带子连接成鸟笼状的新型"克里诺林"。它于 1860 年左右传入法国，受到以欧仁妮皇后为中心的法国宫廷和社交界上流女性的青睐，进而成为流行。新型"克里诺林"由过去的圆屋顶形变成金字塔形，为步行方便，裙撑的前面局部没有轮骨，较平坦，后面向外扩张较大（图 2-34）。这种裙撑质轻且有弹性，解决了初期"克里诺林"的不便。

　　和以往一样，流行朝着极端的方向发展，裙子越来越大，后来裙子的下摆直径与身长几乎一样，极端者裙下摆周长可达 10 码（9.14 米）（图 2-35）。

　　当法国女装又一次发展到夸张的"重装"状态的时候，1866 年前后，达到顶峰的"克里诺林"开始急速衰落下来，到 1868 年，裙子膨胀的形态开始向身后转移，这是向世纪末的"巴塞尔"（Bustle，臀垫）样式的过渡。这一次"重装"的衰落使近代法国女装驶入了向"轻装"发展的快车道。

　　（4）"巴塞尔"女装

　　1870 年 9 月 4 日巴黎爆发革命，成立法兰西第三共和国。曾在 17 世纪末、18 世纪末两次出现过的臀垫"巴塞尔"[24]又一次复活，流行于 19 世纪的 70 到 90 年代，因此，这一历史时期也被称为"巴塞尔时代"。19 世纪 70 年代初的"巴塞尔"，是一种后半部用铁丝或鲸须等做成撑架使之后凸的衬裙，或用马尾衬从后腰到下摆整个做成后凸状，外面的罩裙则流行拖裾形式（图 2-36）。

　　19 世纪 80 年代后半期，"巴塞尔"变成了简单的铁丝制的撑架或坐垫型的臀垫。甚至出现了科学的"巴塞尔"、健康的"巴塞尔"（据称对腰椎无影响）和起坐

图 2-33

"克里诺林"裙撑（引自 *A History of Fashion*）

（1）

图 2-34

（1）图是新型"克里诺林"
裙撑与当时的女装样式（引
自 *A History of Fashion*），
（2）图是女性穿着裙撑和
罩裙过程的照片（引自 *A
History of Fashion*）

（2）

图 2-35

新洛可可主义时期的女装样式（引自 *A History of Fashion*）

图 2-36

"巴塞尔"女装的样式、结构[（1）图引自 *Pattern*，（2）图引自 *Fashion in Details*]

（1）　　　　　　　　　　　　　　（2）

时可伸缩的"巴塞尔"等多种形式（图 2-37）。整个 19 世纪 80 年代，可以说是"巴塞尔"的全盛期，臀部的夸张达到极限。

"巴塞尔"时代出现了各种把腹部压平的紧身胸衣，其特征是前面的内嵌金属条或鲸须在腹部呈平直状态，从胸到腹部的造型呈直线形。与后凸的臀部相呼应，这时女装在前面用紧身胸衣把胸高高托起，把腹部压平，强调前挺后翘的外形。随着紧身胸衣的发展，因制作紧身胸衣而出名的嘎歇·萨罗特夫人于 1900 年创造了有利于健康和卫生的紧身胸衣，并在 20 世纪得到发展和普及。

19 世纪末的"巴塞尔"针对传统的裙撑进行改良，削弱了裙撑对于女性身体曲线的过度夸张。

（5）"S"形女装

艺术思潮是影响近现代法国女装的重要因素之一。"奥地利分离派运动"、立体主义、未来主义和构成主义等艺术流派都给当时的女装样式以一定的影响。俄罗斯芭蕾舞，以中国、日本为代表的东方艺术和异域文化的美也受到法国人的重视。在 1890~1914 年间，艺术领域出现了否定传统造型样式的运动——"新艺术运动"（Art Nouveau）。其主要特征是流动的装饰性的曲线造型，线条有的柔

美雅致，有的遒劲有力，有的激荡多变，富有幻想色彩。这种从大自然中寻求主
题的新艺术不仅反映于绘画、雕刻等纯艺术领域，而且被广泛应用于当时的建筑、

图 2-37

"巴塞尔"女装
的样式、结构及
其着装效果（引
自 *A History of
Fashion*）

室内装饰、家具、照明器具、玻璃器皿、广告招贴、服装及服饰品等实用美术方面。其目的是打破传统，创造一种新的艺术样式。

受新艺术流动曲线造型样式的影响，这个时期的法国女装外形从侧面看呈优美的"S"形。所谓"S"形，是指用紧身胸衣在前面把胸高高托起，把腹部压平，把腰勒细，裙撑被去掉，衣服在后面紧贴背部，把丰满的臀部自然地表现出来，从腰向下摆，裙子自然张开，形成喇叭状波浪裙。从侧面观察时，挺胸收腹翘臀，整个外形纤细、优美、流畅，宛如"S"字母的造型，故而得名（图2-38）。女装也由此进入一个从传统样式向现代样式过渡的重要转换期。

为了塑造符合流行的外形，整形用的紧身胸衣还发挥着重要作用，紧身胸衣的构成技术在这个时代取得了显著进步，人们也不再自己制作紧身胸衣，因为购买现成的更加便宜。后来，随着女装外形从"S"形向直线形转化，紧身胸衣也随之变长，甚至出现了长达腰围线以下43 cm的；与此同时，上部却越来越短，逐渐演化成乳罩（Brassiere）。用来整形的紧身胸衣从此上下分开，变成乳罩和整理腰、腹、臀的内衣——腹带。由于富有弹性的松紧布的使用，乳罩很适合现代生活，所以被大多数女性所喜爱，很快得到普及，并一直沿用到今。

自文艺复兴以来，历时三百多年，紧身胸衣在表现女性细腰，夸臀的魅力方

图2-38

"S"形女装的样式、结构（引自 *A History of Fashion*）

面发挥了重要作用。为塑造出时髦的、博得男性青睐的细腰，19世纪许多贵族家庭的少女在十四五岁肉体尚未发育成熟时，就开始整天扎着紧身胸衣来束腰。经过几年努力，尽管身体其他部分都发育正常，但腰部却十分纤细。1785年，正当洛可可样式全盛的时期，紧身胸衣风靡整个欧洲，德国解剖学家对这种被勒细的"蜂腰"进行了研究。结果发现，紧身胸衣使人体的三大机能——呼吸、消化和血液循环同时受阻，从而导致贫血、肺病、流产等种种疾病，给女性的健康带来巨大的危害（图2-39）。

紧身胸衣和裙撑在近代法国女装中起着重要的塑形作用，它通过人工手段对女性的自然体形加以整理，形成不同造型的腰身曲线，追逐不同时期女装的流行。因此可以说紧身胸衣和裙撑的形态在一定程度上决定了近代法国女装的样式、结构变化。但另一方面，它们对人体的束缚也大大限制了女装的机能性，成为近代法国女装"重装"的特征之一。

纵观19世纪法国女装腰身曲线的变化，可见开始于文艺复兴时期的人文主义思想反对封建神学，追求个人解放，在女装上强调对人体的表现，是影响近代法国女装样式、结构变化的思想基础，而紧身胸衣和裙撑的形态演变则是影响近代法国女装样式、结构发展的造型基础。

2.2.2 "三维意识"与立体结构

为了追求符合女性人体的服装造型，西欧早在"哥特式时期"[25]（13~15世纪）就出现了立体化的裁剪手段，衣服在裁剪方法上有了新的突破。新的裁剪方法从前、后、侧三个方向取掉了胸腰之差的多余部分，并在从袖根到下摆的侧面加进了许多三角形布片，在腰围线上下又取掉许多棱镖形的量，这就是"省"[26]的出现。以此为基础，在女装造型上就构成了一个过去衣片上所不曾有过的侧面。正是这个侧面的形成，确立了西欧文艺复兴以来三维空间构成的窄衣基型。也就在这时，西方和中国在服装的构成观念和构成方式上彻底分道扬镳了。

法国最有代表性的女装是"罗布"（Robe，在腰部有接缝的连衣裙）。17世纪的"法国风时代"，"罗布"在裁剪上就已经上下分离，显示出把整件衣服分成若干部分构成的特点，分别裁制使衣服的各个部分得到进一步的发展和完善。

图 2-39

女性紧身胸衣的不同形态（引自 *Fashion*）

18世纪的法国女装更加深刻地显示出法国窄衣文化的特色，追求由极其夸张的胸、腰、臀曲线所塑造的人工美的女装样式，其三维立体的构成方式和裁剪技术是支持这一夸张造型的基础（图2-40、图2-41）。

到了近代新古典主义时期，"希腊式"女装在结构上又有了进一步发展（图2-42）。通过对它的板型研究可以发现以下特点：

（1）虽然这一时期并不强调女性胸、腰、臀三位一体的曲线造型，紧身胸衣和裙撑也被取掉了，但三围的差量仍然通过收省和活褶的量有所表现。整件衣服在裁剪时完全是立体构成的，既不同于古希腊时期用一块布在身上缠绕，也不同于东方直线裁剪的平面构成。收省、活褶等技巧是其表现立体感常用的手法。

（2）注重面料纱向的运用。前衣片和袖片在裁剪时一般采用正斜丝，一方面便于穿脱，另一方面也使面料柔和随体。

（3）上体部由前、后、侧三部分构成，体现出三维立体空间构成的观念。

浪漫主义时期的女装结构比较复杂，从1834年的裁剪结构图中我们可以看到（图2-43）：

（1）省道被大量使用，特别是在腰节位置的省道处理，使平面的衣片更好地显现出胸、腰、臀的起伏。

（2）侧片与前后身衣片分离，明确标示出人体的侧面造型。

（3）裁片中出现大量的弧线，呈现出曲线裁剪的特征。

新洛可可主义时期，女装的结构处理为了适应较大的裙摆量，一般会用数幅布料分别裁制，然后再拼合。同时，为了达到收紧腰身的效果，上半身的紧身结构中

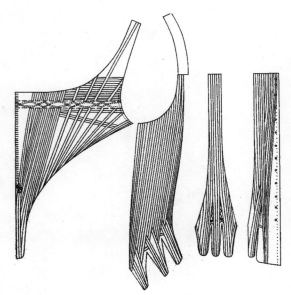

图2-40

近代法国紧身胸衣的结构（引自 *Pattern*）

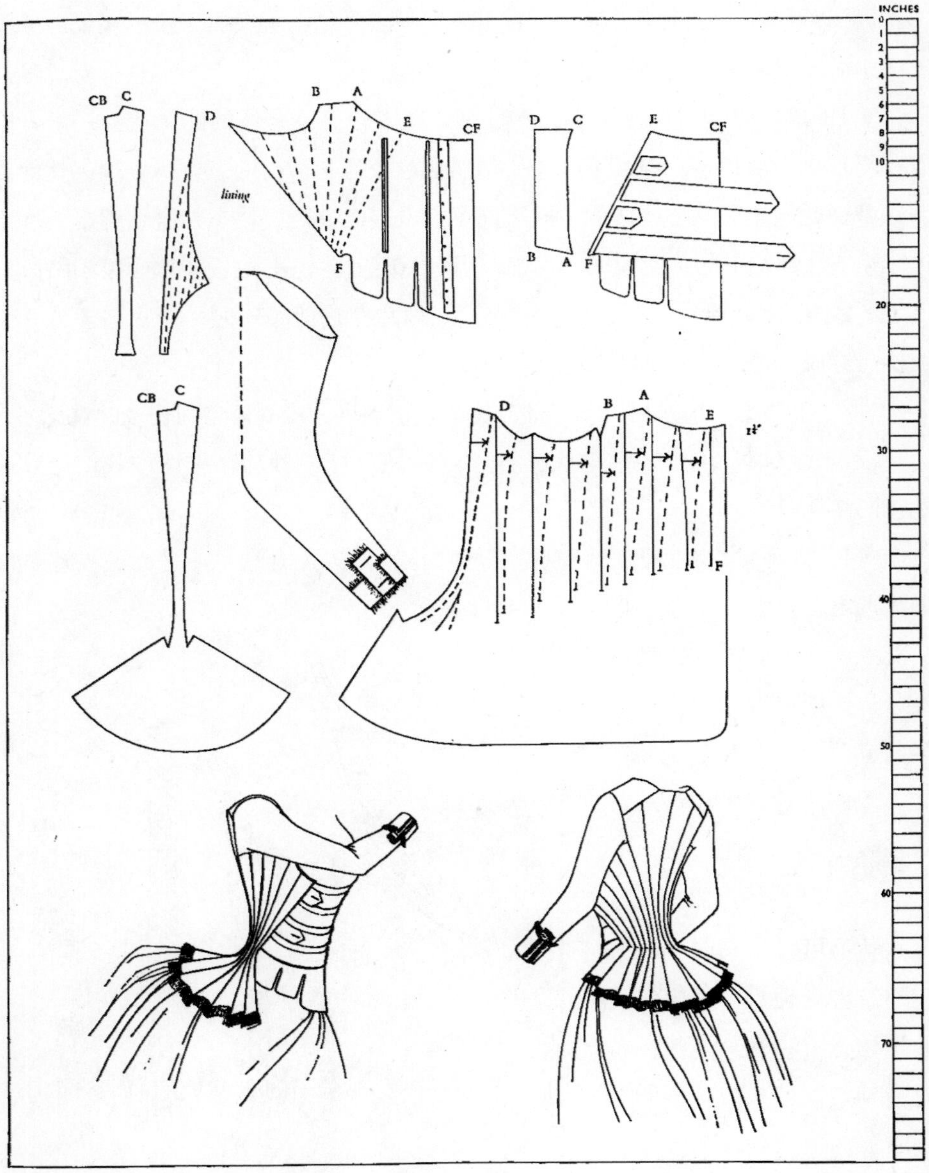

图 2-41

洛可可主义时期法
国女装的样式和结
构（引自 Pattern）

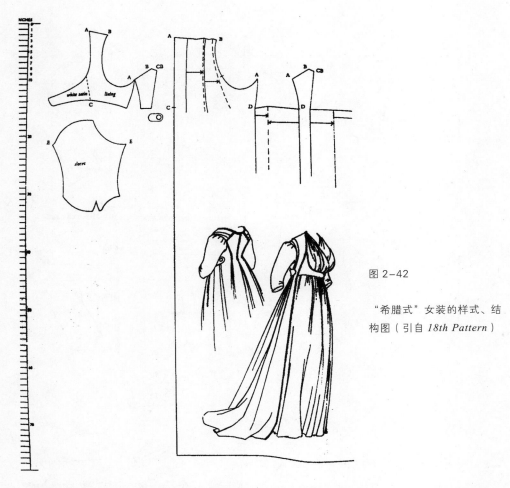

图 2-42

"希腊式"女装的样式、结构图（引自 18th Pattern）

使用了大量的省道。从女装的裁剪结构中我们可以发现，裁剪技术已经变得更加复杂而严密（图2-44）。

"巴塞尔"时期的紧身胸衣和在"巴塞尔"之外的罩裙已经具备了现代女装的许多特征。从服装的结构图中我们可以看到：上衣的前后中片和前后侧片已经独立裁制，裙子的前后片结构也非常明确；袖型、肩缝和侧缝等轮廓线的处理已与现代女装非常接近（图2-45）。

在"S"形时期的女装结构中，我们可以发现裙子的造型更加简洁，大小袖片的结构也已经成熟，人体的起伏主要由省道和褶裥来塑造，女装结构明显地简洁了（图2-46）。

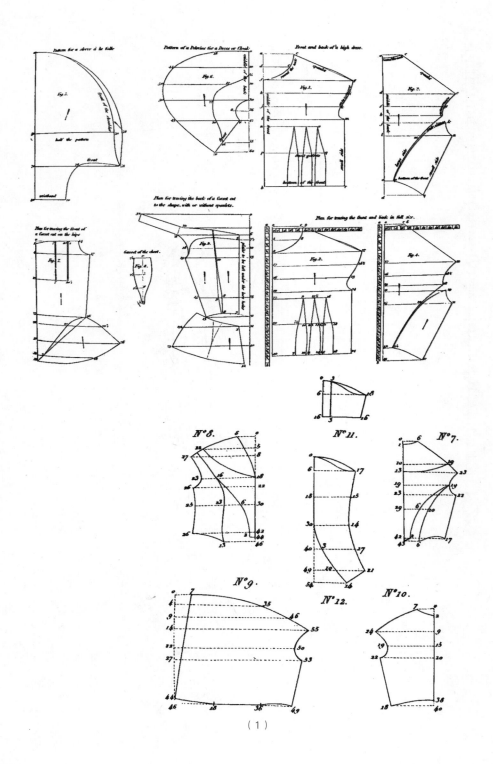

（1）

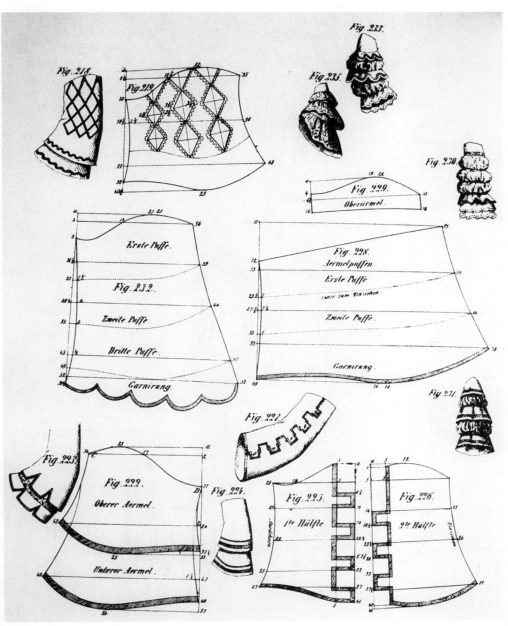

（2）

图 2-43

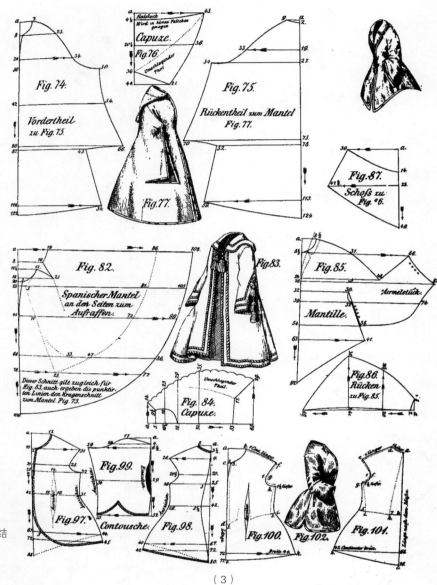

图 2-43

浪漫主义时期女装的样式、结构（引自 *19th Pattern*）

（3）

此时，科学技术迅猛发展，科技的进步从不同层面改变着人类自古以来构筑的生活模式和价值观。对应于社会形态的变革，女装的样式、结构也处于向现代

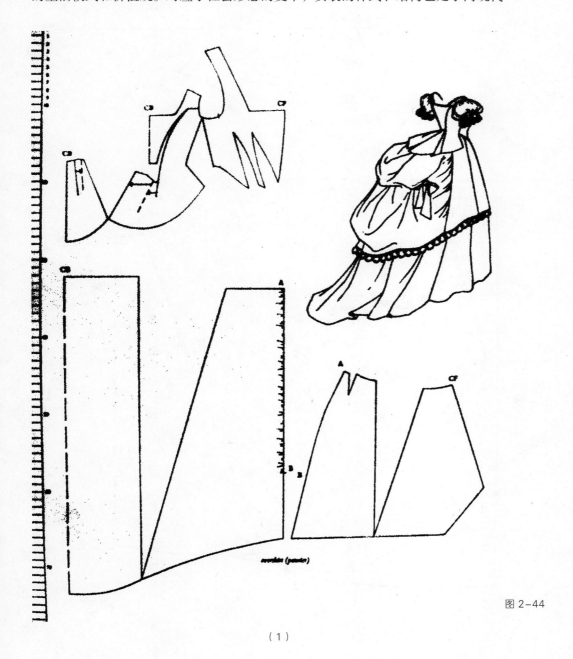

overskirt (panier)

图 2-44

（1）

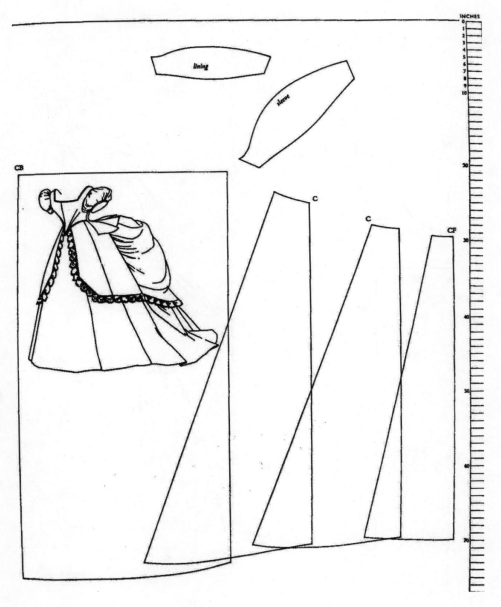

图 2-44

新洛可可主义时期的
女装样式和结构（引
自 *19th Pattern*）

（2）

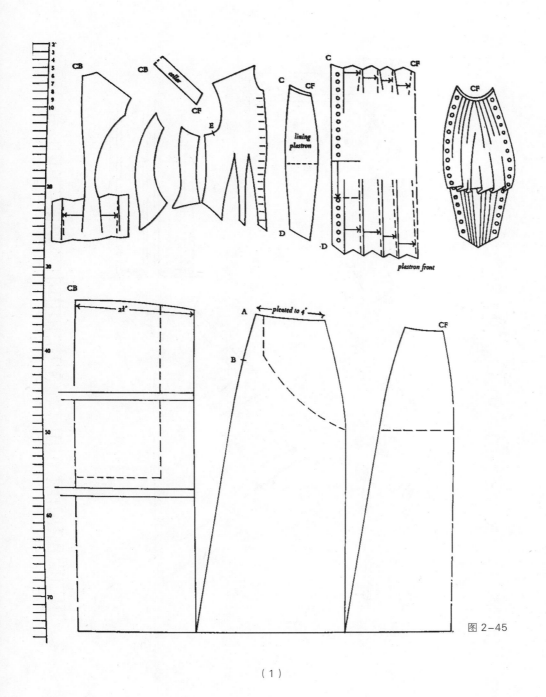

图 2-45

（1）

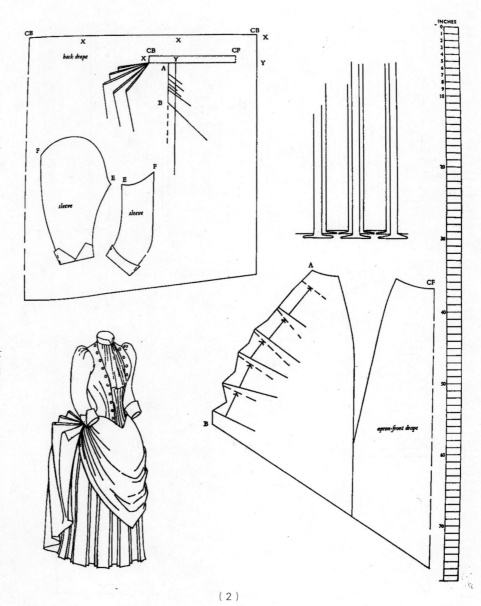

图 2-45

"巴塞尔"时期的女
装样式和结构（引自
19th Pattern）

（2）

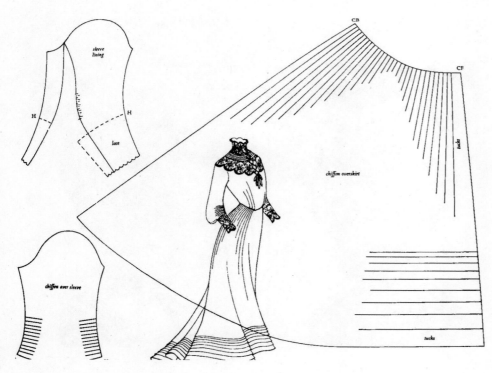

图 2-46

"S"形时期的女装
样式和结构（引自
19th Pattern）

社会转变的黎明期。

2.2.3　"奢华之风"与繁缛装饰

（1）发式头饰

重视服饰的整体面貌是法国女装的传统，其中发式头饰是重要的装饰环节。法国历史上强调装饰的发式头饰曾多次出现，比较有代表性的是在 18 世纪 60 年代的后半期，女子发型出现了高发髻，其中最高的发髻可达三英尺（0.9 米）左右，致使下颌底处于全身高度的 1/2 处。这种高发髻是用马毛做垫子或用金属丝做撑子，然后再覆盖上自己的头发，如果发量不够，再加上一些假发，用加淀粉的润发油和发粉固定。但仅仅把头发做高还不能满足人们的装饰欲，在这个高高耸起的发髻上人们还要做出许多特制的装饰物，如山水盆景、庭园盆景、森林、马车、农夫、牧羊人、牛羊等田园风光等。装饰复杂而又体积庞大的高发髻给女性的活

动带来了许多障碍（图 2-47）。帽子总是与发型相呼应的，随着高发髻的流行，

图 2-47

18 世纪后期出现的女性高发髻（引自 *Fashion*）

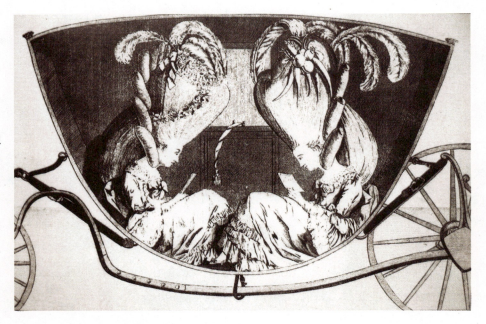

帝政末期出现的女帽的帽山也变高，帽檐随之变大，用鲸须或铁丝做撑，帽子上也装饰繁复，十分热闹、浪漫。

1830年前后的高发髻用铁丝做撑，用长长的饰针固定，上面装饰着羽毛、缎带、蕾丝、人造花等。1860~1865年的高发髻位于头顶，头发则呈瀑布状落下。19世纪的女帽流行带头巾的小型帽子（Capote），后来又流行不加装饰的帽子（Bavolet）和两边翘起来的帽式（Imperatrice），还有帽檐左侧或两侧都卷上去的"欧仁妮帽"（Eugenie hat），这种小帽子上装饰着鸵鸟羽毛，戴时朝左侧倾斜，因欧仁妮皇后喜用而得名[27]（图2-48）。

到了20世纪初，由于衣服样式变得朴素、简练，发型和帽饰就显得格外重要，在法国，夸张高和宽的发结、帽子十分流行。其中一种叫作"蓬帕杜侯爵夫人"的发型风靡一时，这种发型像帽檐似的伸出额头，头发中还加入假发来造型，各种发辫、束发和发髻都堆在发盘上追求发型的变化。到后来，大型发髻逐渐消失，女性从头到脚被统一在直线的外形中，头发也被烫卷在头上，发型变小，预示着现代型短发时代的到来（图2-49）。

总之，近代法国女性的发型和帽式是非常讲究装饰的，它们和女装的样式、结构相协调和配合，共同营造了近代法国女装的"重装"风格。

图 2-48

各式女帽（引自 *A History of Fashion*）

图 2-49

20 世纪初的各种发型帽饰（引自 *A History of Fashion*）

（2）服装装饰

近代法国女装的装饰可以概括为两个方面：

①衣料上的装饰

随着织造技术、印染技术和刺绣技术的发展，服装面料的日益丰富也提升了女装的装饰性。这时流行的织物主要有制作礼服用的织金锦、提花锦缎，各色丝绸和云纹绸等，其中塔夫绸最为流行。冬天的衣服常用高级羊毛、羊驼毛、马海毛织物、开司米、英国棉绒、印花绸等，夏天的衣服多用亚麻、平纹细布或细薄棉布制作，薄纱和网眼织物十分流行。服装的色彩主要有淡褐色、橄榄色、琥珀色和香子兰色等，而各种宽度的条纹也很时髦。刺绣工艺愈发讲究，技巧更趋娴熟，种类也更加丰富（图 2-50）。

②结构上的装饰

分析结构上的装饰要从装饰部位和装饰手段两个方面来考量。

装饰部位包括领口、袖口、胸衣前片、胸衣下摆、裙摆等（图 2-51）。

装饰手段包括：

图 2-50

刺绣技术发展条件下的
近代女装衣料上的装饰
（引自 *Fashion*）

图 2-51

女装上的装饰部位
（引自 *A History of Fashion*）

　　A.皱褶飞边：例如 19 世纪 50 年代，罩裙表面横向布满了一段一段的襞褶装饰，通常分 3 段、4 段、5 段、7 段不等（图 2-52）。极端者，如用蝉翼纱做的裙子上就有 25 段襞饰。

　　B.蕾丝：一些近代法国女装的领口开得很大，呈四角形，袖长及肘，领口和袖口往往有层层的蕾丝装饰（图2-53）。

C. 缎带蝴蝶结：例如18世纪后期的罗布一般前开，上面露出倒三角形的胸衣，胸衣自上而下按大小顺次排列着一排缎带蝴蝶结，罗布下面A形打开，露出里面的衬裙，衬裙和罗布上也都装饰着曲曲弯弯的皱褶飞边、蕾丝、缎带蝴蝶结等。

D. 人造花和鲜花：近代法国还时兴用鲜花和意大利产的人造花进行装饰。

图 2-52

浪漫主义时期裙子上的褶饰（引自 *A History of Fashion*）

（1）

（2）

图 2-53

（1）图为路易十五时代的女装装饰（引自 *Fashion*），（2）图为浪漫主义时期的女装装饰（引自《博物馆藏画集》）

E. 别色布：例如"哥特式样式"，随着裙摆量的增加，波浪、褶饰也增多，另外还增加了别色布的映衬，加大了裙子的重量和膨胀感，女装样式更显得丰满厚重。而"公主式"（Princess Dress）也常在紧身裙上配一条异色罩裙（有的是一块装饰布），或卷缠在腿部，或装饰在腰部，多余部分集中于后臀部，使下摆呈美人鱼一样的拖裾形式（图2-54）。

F. 拖裾（Train）：是指衣服的后下摆拖在地上。这种造型是法国女装的传统装饰特征之一，如在"希腊式"女装上，柔和、优美的衣襞一直垂到地上，裙长可达3米至8米、9米。拖裾在"巴塞尔"女装和"S"形女装上也表现得非常充分（图2-55）。

G. 鱼尾裙："S"形样式时期出现了"鱼尾裙"（Gore Skirt）。Gore，是三角布的意思，指为了扩大裙摆的量，形成优美的鱼尾状波浪，在裙身添加多块三角布的裙子，纵向夹在布中间构成。鱼尾裙长及地面，从上半身到臀部做得非常合体，臀部以下呈喇叭状的装饰造型（图2-56）。1898年前后，"鱼尾裙"下摆的量达到顶峰。

此外，还有裂口装饰（Slash）、金鞭子装饰等诸多装饰手段。

图2-54

（1）图为强调别色布装饰的"哥特式样式"，（2）图为"公主式"（引自 *A History of Fashion*）

（1）　　　　　　　　（2）

图 2-55

"巴塞尔"时代的女装拖裾和
其他装饰（引自 *A History of Fashion*）

　　从上述例证可以看出，法国女装的装饰大多是立体的。无论是蕾丝、皱褶飞边、
缎带蝴蝶结、还是人造花、拖裾等，都是立体造型的装饰，反映出追求立体空间
和光影效果的审美倾向，使其在视觉层次上更加丰富，行动时更增加动感效果，
与中国女装追求平面化的装饰效果形成鲜明对比。

图 2-56

"S" 形样式下摆呈喇叭状的装饰造型（引自 *A History of Fashion*）

2.2.4 "传统观念"与衣长曳地

近代各个时期法国女装的一个共同特征就是衣长曳地，无论是新古典主义样式、抑或是浪漫主义时期和新洛可可主义时期的罗布，还是"巴塞尔"样式、"S"形，等等，都表现出长及脚踝或拖至地面的衣裙。

造成这一特点的原因是多方面的。首先，自从基督教产生以后，基督教文化对于女装的影响是深刻的。从基督教的教义来看，裸露女性的身体肌肤和头发都是罪恶的，它既是一种性的诱惑，也是对神的不敬。因此，在深受基督教影响的中世纪，女性服装就是遮身蔽体，既不显露身体起伏，也不显露头发肌肤的。到了近代，尽管在人文主义思想影响下，女性开始显露腰身曲线，裸露上半身的部分肌肤，但是基督教思想的影响依然存在，暴露身体的下半部分仍然被认为是不道德的，会受到社会道德规范的谴责。

其二，近代法国属于男权社会，女性的社会地位相对较低，男性的审美标准决定了女性服饰的样式、结构。在当时的法国社会中，人们普遍认为女装应该追求稳定的正三角形造型并带有长长的衣裾，只有这种造型才能体现出女性优雅的气质，因此女装的衣长必然要拖至地面。

其三，法国女装历来衣长曳地，这也是法国女性长期形成的一种穿着习惯。

在这样的社会环境的制约下，近代法国女装的衣长是很难变短的，带着长长拖裾的衣服显著影响了女装的机能性，构成法国女装"重装"的另一个特征（图2-57）。

2.2.5 "构筑风格"与领型、袖型变化

"构筑风格"是与"非构筑风格"相对的。"构筑风格"是指将服装的各个部件分开裁制，最后再将其组装到一起的服装造型方法。"非构筑风格"则与此相反，是指对一件服装进行整体裁制的服装造型方法。女装的"构筑风格"在公元13世纪出现，经历了文艺复兴时期的蓬勃发展，在巴洛克和罗可可时期又得到进一步加强，成为法国女装的一大特点。

文艺复兴以后的法国传统女装中，除了重视人体的优美曲线外，女性的颈部、前胸、小臂和手都是重要的审美趣味中心，因此，围绕和衬托这些部位的领型和袖型的变化及其装饰就显得尤为重要。从文艺复兴时期开始，法国等西欧诸国就开始将领子和袖子从衣服上分离出来，单独裁剪制作，并对其进行各种样式和结

图 2-57

近代法国女装的裙长（引自 *A History of Fashion*）

图 2-58

"帝政样式"女装的
短帕夫袖型（引自 A
History of Costume）

构的探索，从而大大丰富了领型和袖型变化。单独裁剪制作完成的领子和袖子再被安装组合在衣身上，形成女装的整体面貌，这也是"构筑风格"的主要特征之所在。领型、袖型和女性的腰身曲线、发式头饰、裙摆拖裾一样，成为体现近代法国女装风格的重要方面。

（1）袖型

法国女装袖型的变化是非常丰富的，下面举几个典型样式加以说明。

帕夫袖：Puff Sleeve，是指从肩部膨起的袖型。"帝政样式"[28]的袖型就是白兰瓜形的短帕夫袖，这种帕夫袖也被称作"帝政帕夫"（Empire Puff）（图2-58）。

羊腿袖：Gigot Sleeve，这种袖子的上半部呈很大的泡泡状或灯笼状，自肘部以下为紧身的窄袖。为强调装饰性外形，在肩部向横宽方向扩张的基础上，袖根部极度夸张，甚至在袖根部使用了鲸须、金属丝做撑垫或用羽毛做填充物，还常从肩部向腰部纵向装饰几层大飞边（图2-59、图2-60）。

宝塔袖：Pagoda Sleeve，19世纪50年代，与下半身金字塔形的裙子相呼应，出现了袖根窄小，袖口喇叭状地张开，用蕾丝或刺绣织物一段一段接起来的特殊袖形。因其很像东方的宝塔，所以被称作"宝塔袖"。"宝塔袖"以其特殊的装饰效果为当时的法国女装增添了浪漫华丽的色彩（图2-61）。

（2）领型

从领口的形状上分，这个时期主要有船形领、方形领和 V 领；从领子的高度上分，主要有高领、低领和高低组合领三类。

船形领：呈船底形状的领子（图2-62）。

方形领：开得很大、很低的方形领子（图2-63）。

V 领："V"形打开的领子（图2-64）。

高领：高及脖颈的领子，高领口上常有褶饰（图2-65）。高领是日装上使用

（1）

（2）

图 2-59

浪漫主义时期女装的羊腿
袖及其结构图 [（1）图、
（2）引自 *19th Pattern*，
（3）图引自 *A History of
Fashion*]

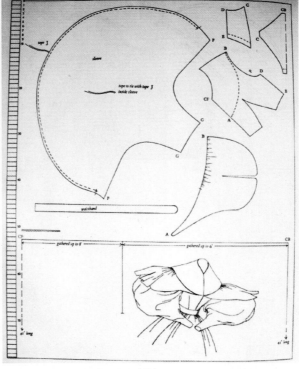

（3）

图 2-60

"S"形时期女装的"羊腿袖"（引自 *A History of Fashion*）

的领子，一般是在户外穿着的女装上使用，以保护女性白皙的皮肤不被日光晒黑，追求当时的审美趣味。

低领：裸露出颈部和胸部的领子。低领口上常加有很大的翻领或重叠数层的飞边、蕾丝边饰（图 2-66）。低领一般运用在晚装和室内服装上，与各式颈饰相搭配，塑造袒胸露背的性感形象。

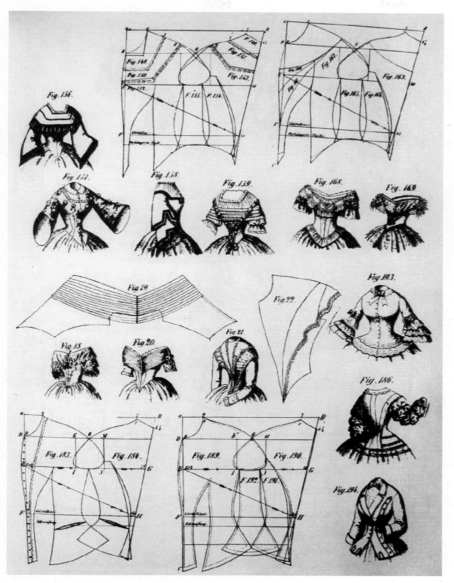

图 2-61

浪漫主义时期女装
的 宝 塔 袖（ 引 自
19th Pattern）

图 2-62

新古典主义时期女装的船形领（引自 *A History of Fashion*）

图 2-63

"巴塞尔"时期女装的方形领（引自 *A History of Fashion*）

图 2-64

新洛可可主义时期女装的"V"领型（引自 *A History of Fashion*）

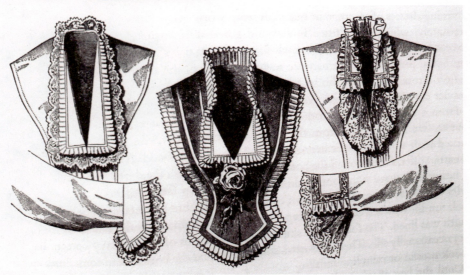

图 2-65

不同时期女装的高
领（引自 *A History
of Fashion*）

图 2-66

低领样式女装（引自 *Fashion Photograph*）

高低组合领：高低两种领形有时也组合起来使用。

2.2.6 "男权思想"与"连体式"

近代法国是男权思想盛行的社会，以上衣下裤为代表的"二部式"服装是男性社会身份和地位的象征，它所具有的机能性是男性参与社会生活的必然要求。而女性作为男性的附属品，其社会地位在男权社会中被边缘化，女性没有权利参与社会政治或经济生活。尤其是上层社会的女性，作为供男性欣赏的"花瓶"，其活动范围受到极大的限制，没有如男性一样活动的自由，她们一般不参加体力劳动，因此女装并不主张追求机能性。在当时，如果上层社会的女性穿着如男性一样的"二部式"服装是为社会所难以容忍的，也被认为是不道德的。

由于男权思想的限制，法国近代女装仍然延续了传统的"连体式"，尽管女装的各个部分是分别裁制的，特别是上下半身的结构，都是在分别裁剪制作后再缝制或扣接在一起的，但是从整体来看，女装在概念上仍然是一体的，女装的样式也是以"连体式"为主的。

法国男装在中世纪后期就开始出现上下分离的"二部式"；17世纪，"二部式"在法国男装中普及；到了近代，法国男装的"二部式"已经发展得比较成熟，基本具备了现代男装的特征。这种情况与同时期仍然以"连体式"为主的法国女装形成鲜明的对比。这种对比进一步说明了男权思想的存在以及它对近代法国女装发展的限制，对法国女装"轻装"化的限制。

男权思想的存在使得法国近代女装在女性解放运动兴起之前一直以"连体式"为主。

2.2.7　"女性解放"与女装男性化

近代法国女装发展最为显著的趋势之一就是靠拢男装，这与女权主义思想的传播和女性解放运动的兴起密切相关。

男性较早就开始追求衣服的合理性和机能性。因而，到19世纪中叶基本完成了男装的现代化，后来在样式上的变化也就不那么明显了，只是在细节上出现一些流行变化。但与此同时，男装对于女装样式、结构方面的影响却越来越大，在整个近代女装的演变过程中都贯穿着女装向男装靠拢的趋势，这种趋势愈演愈烈，最后成为现代女装发展的重要线索之一。

在新古典主义时期，女装中流行一种叫作"斯潘塞"（Spencer）的短外套，它来自对同一时期男子短外套的模仿。那时，男子常在夫拉克或大衣外面套穿长及腰部、有领、有袖、袖口有克夫的短外套，因最初的穿用者是英国的斯潘塞伯爵而得名。女服的斯潘塞衣长仅到达高腰位置，长袖。除了外套斯潘塞，另有一种叫作"康兹"（Conezou）的外套，是斯潘塞的变形，衣长较斯潘塞长，是一种披肩式无袖夹克，有的有圆形翻折领，装饰着细褶或蕾丝缘饰，一般用上等的天鹅绒，开司米、麻织物或细棉布做成。

同时期，女用的内衣中出现了长裤（Pantalets），这是穿在裙子里的一种衬裤，裤口有飞边，因当时裙长短缩而从裙摆下露出来。[29] 后来在 19 世纪 30 年代的女装中也出现了长裤。自古以来，骑马、狩猎对于贵族女性来讲是一种娱乐和体育运动。由于户外骑马具有一定的危险性，因此需要相应的装束。当时女士们盛行骑马兜风，女子的骑马服是在宽敞的长裙里面穿上用细棉布做的紧身马裤和长筒靴，上半身是按男装的缝制方式制作的男式上衣，加上衬衫和领带，戴高筒礼帽和鹿皮手套，是一种典型的男装打扮。18 世纪女性的骑马服不仅骑马时穿，还作为一种旅行服或在其领地的散步服流行于上流社会。

男装裁剪那种平面制图的方式不久就被借用到女装的裁剪当中来了：法国男装裁缝拉威纽在 1841 年出版了裁剪专著后，继续致力于将男装裁剪中的平面制图方法用于女装裁剪。1854 年，他在巴黎开设了制作夹克和裙子的女装店——这标志着男装裁剪方式进入女装领域。1876 年，首次出版了面向女装裁缝的纸样制图法，在这本书的序言中拉威纽这样写道："在服装产业界，男装领域不乏优秀的裁剪技术和优秀的老师，而在女装领域，这方面还存在较大差距，经过数年努力，我反复研究女装和童装的裁剪方法，这里将此研究公之于世。"

1851 年，美国俄亥俄州的女权运动先驱阿美丽亚·布尔玛夫人发表了新型女装，这是一种把东方风格的阿拉伯式宽松灯笼裤引入女装的大胆尝试。这一举动对于西方女性穿着裤装具有重要的启迪作用。与此同时，新洛可可主义时期，外套中出现了各种仿男式的前开型大衣。

由于男装裁剪方式进入女装领域，在 1870 年以后，女装的日装中就出现了许多男式的女用夹克与传统的连衣裙结合在一起的新式装束。这种衣服的上半身采用夹克造型，从整套服装看，那又是连衣裙的一部分。另外，正如拉威纽所言，纸样（板型）的合理化和成衣号型标准的确立是成衣业发展的必要条件，男装裁剪方式的导入客观上促进了女性成衣和半成品的发展。

1880 年，由男服裁缝店模仿男服制作的"男式女服"（Tailored Suit）出现了，这是法国女装突破传统样式、结构的重要一步（图 2-67）。女装再次向男装靠拢，向"轻装"化方向发展。"男式女服"在上流社会的普及是这个品种得以生存和

图 2-67

19 世纪末出现
的"男式女服"
（引自 *A History
of Fashion*）

发展的重要原因。另外，在 19 世纪末的上流社会女性中开始盛行各种体育运动，包括高尔夫球、溜冰、网球、骑马、海水浴、骑自行车远足、射箭等，"巴塞尔"样式已经无法适应这些运动的要求。因为体育运动实际上是社交的延长，为了运动不得不抛弃那些装饰过剩的衣裙，女装也同男装一样使用毛料，紧包躯体，追求机能性。应时代发展的要求，女性开始穿上各种名目的运动服，这个新的服装品种到 19 世纪 90 年代更加发展壮大，它对女装的机能性进行了多方面的探讨，从而大大促进了女服的现代化进程（图 2-68）。

19 世纪 90 年代，女权运动风起云涌，经过长期启蒙和宣传，过去的稳健派这时也加入到这个运动中来了，而更为活跃的"过激派"则召开集会，争取参政权。从运动服扩展而来的"男式女服"并没有只是以一种运动服而告终，而是成了女权主义者、职业妇女等主张男女同权的"新女性"（New Women）的制服和象征物。借用男装裁制方法的"男式女服"套装，为那些对抗男权社会的偏见和性别歧视而斗争的女性提供了所需要的装备。"男式女服"上的这种附加价值一直持续到 20 世纪。

2.2.8 "追求个性"与服装设计师

19 世纪后半叶法国高级时装业（Haute Couture）的出现，对后来女装的发展意义重大。1827 年生于英国东英格兰林肯的沃斯于 1858 年在巴黎开办了一个拥有 20 名店员的时装店，开始进行对传统女装的改革，对新的女装样式、结构的创造。他把自己的店布置成沙龙式，在室内陈设、照明方面都别出心裁。沃斯以上流社会的高级顾客为服务对象，到 1865 年，他的顾客已遍及俄罗斯、奥地利、西班牙、意大利等国的王室和贵族，特别是英国，维多利亚女王也成了他的顾客，他的名声还越过大西洋传到美国。他的成功极大地刺激了当时的女装设计师，引起很多

图 2-68

女性进行体育运动穿
着的服装样式（引自 *A
History of Fashion*）

人的效仿。于是，巴黎逐渐形成了以上流社会的高级顾客为对象的高级时装业，众多设计师从不同的角度开始积极探索女装样式、结构的变化，以适应时代发展的需要和个性化的表现。

沃斯为巴黎成为近现代世界流行中心、世界时装发源地的国际地位奠定了最为重要的一块基石。现在时装界的许多传统习惯都与沃斯有关，让真人模特儿穿上设计师的新作向顾客展示的高级时装发表会（Collection）就始于他。他创造了自己采购、选择面料、设立创作工作室、拥有专属模特儿、每年举办四次作品发表会等一系列将设计创作和经营紧密结合的崭新经营法。他也是第一个向美国和英国的成衣商出售作品的设计师。他给巴黎乃至法国的时装产业带来了活力和繁荣。

此后，一大批优秀的女装设计师涌上了巴黎的时装设计舞台，推动了近现代法国女装从"重装"向"轻装"的发展。设计师杰克·多塞就是其中的一个，他于1870年开始设计女装，与沃斯那种贵族趣味相反，他喜欢18世纪画家们笔下那种淡雅色调，其作品充满纤细、娇媚的女性味和性感的挑逗性，被誉为"高级女装的魔术师"。1890年，俄罗斯血统的卡罗三姐妹也创设了高级时装店，以织进金银线的锦缎、丝绸、蝉翼纱和蕾丝等豪华素材，洛可可风、中国风的刺绣，精美绝伦的制作工艺，独特的设计享誉巴黎。后来，保罗·波阿莱和帕康等一批左右流行方向的设计大师相继出现，巴黎真正成为世界时装的发源地。

设计师莱多芳于1850年开始在英格兰怀特岛一个叫做考斯的小镇经营一家纺织品店，不久因为到岛上来观看比赛的女士们定做帆船用套装而声名鹊起，后来他在伦敦开设了一个男式裁剪的女装店，将男装裁剪技术引入女装制作。1885年贝阿特里斯公主结婚时，他为公主设计制作的旅行服、骑马服和帆船用套装使他声名远播。后来他在巴黎创办了女装店，他的"男式女装"直接影响了法国上层社会的女装设计，为女装男性化奠定了基础。

1880年，波阿莱在沃斯店工作时曾经设计了一款相对简洁的女装，因为没有过多的装饰，而被当时执掌沃斯店的菲利浦（沃斯的儿子）斥责为"贫穷的设计"。但今天看来，波阿莱的设计在当时就已经显现出了对女装简约化的敏锐感觉和积极探索。

20 世纪的女装是向着去掉装饰、男性化的方向发展的，这种趋势在 19 世纪后半期就已经出现，莱多芳和波阿莱等人的努力为女装的"轻装"化发展做了铺垫。

以沃斯等人的探索为基础，巴黎的女装设计师们开始逐渐受到社会重视，其社会地位也从普通的手工艺匠人，上升为左右服装潮流的艺术大师，这些大师们通过自己的创作，为世人设计出了更具个性魅力和时尚特点的女装，推动着女装从"重装"向"轻装"的发展。

2.3 "重装"文化的异与同

综上所述，中国近代女装在样式、结构上的主要特点是：根据严格的服饰制度的规定，在服装配套方面非常复杂，需要多层穿衣；女装的结构是平面的，采用直线裁剪，女装不是注重其三维空间中的立体表现，而是注重服装这个遮盖工具的表面象征意义和视觉效果；女装的装饰繁缛，一贯以衣料的华美，色彩、纹饰的象征意义，平面的、繁复的、巧夺天工的装饰技巧来向前发展，尤其是清代末期，这一特点发展到登峰造极的地步；近代中国女装仍然是以"上下分属制"为主，其中裤子的穿着非常普遍；女装宽松肥大，衣长及地；"弓鞋"和"旗鞋"盛行于世，使女子举步维艰。所有这些构成了中国近代女装"重装"的形态。法国近代女装的样式、结构特点是普遍使用"紧身胸衣"和裙撑等整形用内衣来追求不同时期女性腰身曲线的造型变化，注重用显露甚至夸张的手法来突出表现女性人体曲线，强调性特征；女装的结构是立体的，采用曲线裁剪，女装注重三维空间中的形体塑造，同时也非常重视各种立体装饰手段的运用，特别是蕾丝、缎带、人造花等装饰被大量使用；因为服装很早就是分部件制作的，所以这时女装的领型和袖型的变化都比较丰富；女装以连体式的"罗布"为主，裤子还没有进入女性主要的服饰中；女装的穿着层次比较多，衣长较长，甚至有长长的拖裾；"紧身胸衣"和裙撑束缚着人体，严重影响了女装的机能性。直到 19 世纪末，法国女装仍陷在传统女装的漩涡里不能自拔，而在 19 世纪、20 世纪之交则出现了向"轻装"过渡的各种迹象。

与此同时，这一时期中、法两国之间的交流也发生了一些变化。由于中国进入了封建社会的衰落期，西方的坚船利炮打开了清政府长期闭关锁国的大门，英、法等西方资本主义国家的思想和商品长驱直入，使原本自成一体的中国文化受到极大冲击。从"洋务运动"到"戊戌变法"，中国社会也在努力应对着这种冲击，以李鸿章、张之洞为代表的洋务派提出了"中学为体，西学为用"、"师夷长技以制夷"的口号，引进和学习西方的科学技术。这也为中国女装日后接受法国等西方女装的影响做了铺垫。

与此相对，法国随着其资本主义势力的扩张，开始大肆展开对外殖民掠夺。在这个过程中，法国既把女装文化带到了各个殖民地，也同时受到了中国等不同国家文化的影响，这些在20世纪初的法国女装样式、结构上都有所反映。

2.3.1 不同文化背景孕育了形态迥异的女性"重装"文化

近代中法女装样式、结构所呈现的差异，源于中法两国历史背景和思想文化的不同。

中国在这一时期还处于封建王朝的统治时期，封建制度和封建礼教观念虽然受到一些冲击，但仍然在社会上具有深刻的影响。儒道互补的哲学、美学观念还是中国社会的主流思潮。这些思想影响表现在女性服装的样式、结构上主要包括以下三个方面：一，女装为严格区分等级而在造型、颜色、用料和装饰等方面都有详尽的规定，服饰配套泾渭分明，繁缛复杂；二，中国女装样式、结构仍然继续着传统的平面的、直线裁剪的方式，在离体的、宽松的、遮盖的造型中克制人的欲望，强化"礼"的存在；三，男权社会中"三从四德"的礼教观念使女性的社会地位相对低下，"缠足"的存在和大量装饰手段的运用都源于当时男权社会的审美标准，极大地限制了女装的机能性。可以说，封建礼教、等级制度和性别歧视的存在构成了中国传统"重装"的思想基础，也是现代"轻装"发展的障碍。因此中国女装的现代化必然要求冲破封建礼教的束缚，废除封建等级，解放女性，给女性穿衣的自由，给女装发展的空间。

与此相对，在法国，资产阶级大革命和产业革命从政治和经济两大领域的推进使其在政治上摆脱了封建专制的桎梏，经济上迎来了资本主义的发展。人文主义思想的深入人心，个人主义的膨胀，使女装样式逐渐摆脱了封建等级观念的束缚，在对于女性人体曲线的夸张与塑造中，窄衣服饰文化体系作为法国服饰文化的主流，处在了从"重装"向"轻装"转变的黎明期，朝着表现人体自然形态的方向曲折地发展着。先是经历了新古典主义时期复兴古希腊风格的"轻装"，然后是浪漫主义时期对文艺复兴"重装"样式的回顾，接着是新洛可可时期对于洛可可式"重装"的复辟，又跟着相对简约的"巴塞尔"样式的卷土重来，最后进入到向"轻装"过渡的"S"形样式。通过19世纪以来法国对于前几个世纪不同女装样式、结构地复古与探索，我们能够清晰地看到古希腊美学观念的延续，中世纪基督教思想的影响，以及近世纪文艺复兴以来哲学、美学体系中对于人的自由与欲望的追求，资产阶级人文主义思想的传播；同样也能清晰地看到法国女装在传统"重装"的漩涡里难以自拔，在向"轻装"发展的进程中一波三折，这主要是由于根深蒂固的男权思想仍然在严格制约着女装的样式、结构。

但同时应该注意到，近代法国在以下几个方面对于女装"重装"向"轻装"的演变产生了深远影响。

科学技术方面，19世纪中叶的法国通过机器的量产助长了资本主义经济的发展，女装技术也有了长足发展。为了追求新的样式，法国女装在这一时期对立体的、曲线的造型进行了更多的探索，女装板型更加成熟，服装配件和装饰手段也日益丰富。

思想文化方面，法国思想启蒙运动和法国大革命将自由、平等、博爱的思想从法国向全欧洲、全世界扩展开来。它们打开了封建主义封闭的大门，使法国和西欧社会向近代工业社会急速转变。在法国大革命追求自由思想的感召下，新古典主义风格的女装第一次打破了法国传统女装的审美习惯，这是一次重要的女装革命，它虽然因为传统势力的强大而最终被浪漫主义风格所取代，但它已经开始动摇了法国传统女装的固有审美模式和样式，为后来法国女装的现代化做了重要铺垫。

信息传播方面，作为时装信息的传播媒介——时装杂志迅速发展起来。它们一方面应季推出新的款式供人们选择；另一方面指导人们消费，对流行的形成发挥着促进作用，从而打破了过去流行主要来自宫廷的单一方式。交通、服装杂志、国际展览、服装贸易等的发展，都不可逆转地把法国女装推上了影响国际女装流行的中心地位。

当然，这一时期尤其不能忽视的是女权运动的兴起和发展对女装的深远影响。随着女子教育中体育活动的展开，女装的男性化成为女性解放的一部分。众多女装设计师的积极探索也推动了女装的进步。

可以说整个19世纪作为西方社会现代文明的黎明期，已经从各个方面为20世纪新的生活样式的到来做着精神和物质上的准备，也为法国女装从"重装"向"轻装"的演变做了充分准备。这一时期的中法女装样式、结构的不同能反映出的社会文化差异主要表现在：

（1）社会制度的影响

在近代，中国和法国分别处于不同的历史发展阶段，中国处于没落的封建社会末期，几千年的封建制度、封建思想仍然沉重地压在中国人的身上。长期闭关锁国使中国人对西方等外部世界了解很少，维护原有封建服饰文化的传统成为唯一的选择。

中国服饰文化历来注重"昭名份"的社会功能，作为"礼"的重要组成部分，它是维护社会的统治秩序，治理天下的工具。因此中国传统女装（这里主要是指宫廷女装）最突出的特点是身份和地位的表现，通过服装的用料、色彩、样式、图案、配饰等方面的不同来区别封建社会的阶层，具有极强的身份符号意味，并受到律法的严格制约。所以近代中国女装的显著特征是以服饰来标示阶层，强调着装者正面所呈现的直观的身份符号信息。

而法国社会在近代就推翻了封建专制政权，建立了资产阶级共和国，进入了资本主义经济高速发展的阶段。政治、经济、思想和文化等方面都表现得非常活跃，追求个人解放的人文主义思想得到进一步发展。因此，近代法国女装非常重视女性性别特征的塑造。可以说，文艺复兴以后的西方女装文化一直都在追求女性的性感表现，这主要是通过使用"紧身胸衣"和裙撑等整形用内衣，对女性人体进行人为地塑造而实现的。以此为基础，强调胸腰臀起伏的女性曲线，夸张女性的性别特征是法国近代女装发展的核心所在，也是资本主义发展起来以后法国社会的主流审美追求。与中国女装相比，法国女装更注重侧面的存在，因之强化了法国服装的三维立体特征。

由此可见，近代中法女装所侧重表现的思想内涵和审美价值追求是不同的，因此它们在样式上所侧重发展的方向也是不同的，这种区别的本质是两种社会制度和两种文化形态的不同。中国女装表现的不是个体，而是某个阶级或阶层；法国女装表现的则是有血有肉的鲜活的个体，这是自文艺复兴以来的人文主义思想的延续，也是资产阶级民主思潮和个人主义的具体体现。

（2）造型意识的体现

中国人的造型意识是平面感比较强的。在这种思想指导下，中国的女装结构属于直线裁剪，平面结构。女装的板型简洁，外轮廓以直线为主，衣片间也大多采用直线拼接，整件女装浑然一体，是非构筑型的线性结构。一般表现为衣片平直，没有省道，领型多为交领或立领，衣身上下、肩与袖、前片与后片常常是整片结构，没有接缝。衣服边缘也多以贴边和滚边进行处理，一方面强调服装的骨架，加固易磨损的部位；另一方面也有装饰作用。其中右衽、前开合式穿衣方式都是其特点。因此中国传统女装的主要特征是二维空间的平面构造，衣服只有前面和后面，而没有侧面的结构。法国人的造型意识是立体的。因此法国女装属于曲线裁剪，立体结构。女装衣片形状是以曲线为主，衣片的连接往往也不是直线的平行拼接，而是按照人体结构及衣服的造型所需，采用"归"、"拔"、"抽褶"、"打褶"和"吃份"等工艺进行连接和缝合。法国女装一般表现为裁片按照人体结构分别裁制，大多有弧度（曲线），裁片上有胸省、腰省、肩省等各种表现人体曲面的省道，形成立体的形态，领型及袖型变化非常丰富，局部部件在单独裁制完成后再连接成整体，所以最后整件衣服就像建筑构件一样是被组装起来的，是一种构筑型结构。在服装细节上，左衽、贯头式结构、纽扣固定法是法国近代女装上的显著特征。法国女装十分注重其三维空间的立体造型，也正因为这个原因，女装侧面的存在才显得非常重要。

相应地，中国女装的装饰也是平面风格的。中国女装采取平面裁剪的方式，结构相对简洁，但在平面的装饰上却极其考究。从面料本身的织造开始就讲究各种织纹和肌理，到刺绣、镶补工艺的精细复杂，再到各种吉祥纹样的大量使用，处处都显示出其独特的文化内涵和强烈的装饰性。中国女装的装饰是平面的，甚至是数层平面装饰的叠加。

法国女装虽然也很重视面料技术和刺绣工艺，但相对而言，它更重视女装立体的装饰造型。这主要包括领型、袖型的变化和丰富的其他装饰，如缎带、蝴蝶结、人造花、蕾丝花边，层层叠叠的裙子、长长的拖裾等，它们使法国女装呈现出立体装饰的丰富面貌，并在人体上形成丰富变化的装饰效果。

因此，近代中国和法国的女装在造型方式、装饰手段、装饰工艺、装饰内容上都是不同的，这些不同主要源于中法两国不同的造型意识。

（3）传统习惯的继承

中国近代女装虽然也有旗袍等"上下连属制"，但从整体来看主要还是以"上袄下裙"、"上袄下裤"或"上褂下裙"、"上褂下裤"等"上下分属制"为主，这与中国的传统习惯有关。在中国，"三绺梳头，两截穿衣"是当时区分女性和男性形象的一个标准。因此，在女性思想启蒙的早期阶段，争取与男性平等的"一截穿衣"的方式曾成为女性服装发展的方向。

法国女装则是以"罗布"为代表的"连体式"为主，即使服装是上下分别裁制的，最后也要缝接在一起，所以在概念上还是"连体式"的，较少有"二部式"出现，这也是一种传统的穿衣习惯。与中国不同的是，在当时已经基本实现现代化的法国男装是以"二部式"为主的，它也是当时男性社会地位高于女性的标志。同样是在追求平等和解放的女权运动的推动下，近代法国女装开始向着"二部式"的方向发展，越来越靠拢男装。

由此可见，虽然都是在女性解放运动的影响下，中法女装都在向男装靠拢，追求在社会上同等的权利和形象，但不同的是20世纪初的中国女装是从传统的"上下分属制"向"上下连属制"靠拢，而法国女装则是从传统的"连体式"向"二部式"靠拢。

同样是由于传统习惯的影响，中国女装中裤装普及，法国女装中裤装较少。裤装在中国女装中很早就出现了，在近代女性中裤子的穿着已经非常普遍，"上褂下裤"和"上袄下裤"都是女人们的常服。而法国女装长期以来一直是以连衣裙为主，裤装是男性的特权。尽管在拿破仑帝政时代出现了衬裤（Drawers）和"庞塔龙"等，但这时的长裤"庞塔龙"只是女用内衣，与男裤的"庞塔龙"不同，是不能直接穿在外面的。直到1830年，女装中才又一次出现了长裤，这是由于当时女士们风行骑马兜风，女子要在宽敞的长裙里面穿上用细棉布做的紧身马裤和长筒靴，裤子仍然不能被当作外衣来穿着。所以裤子在近代法国女装中并没有像中国女装中那样普及。

（4）性意识的反映

同样是对于人体的束缚，法国追求的是塑造女性的胸腰曲线，借助"紧身胸衣"和裙撑强化女性人体的性感特征，追求极端的人工美。这种直接诉之于视觉的对性的欲求是与西方的母体文化有直接关系的。从古希腊对人体美的崇尚开始，经过北方重视人体机能的窄衣文化的渗透，至文艺复兴时期发展为对自然肉体的重视、研究和夸张，使得西方女性服饰文明多少年以来一直以表现女性人体为核心，不断发展演变。人体性感表现是西方女性服饰一个恒久不变的主题，"紧身胸衣"和裙撑正是表达这一主题的主要道具，因此在法国女装中被广泛使用，用来塑造社会所崇尚的女性人体形态。

与法国不同的是，在儒道互补的传统哲学思想的影响下，中国女性服饰很少强调女性人体的起伏，而更多强调服饰的礼仪特征和教化功能，因此女装多采用平面造型和多种装饰效果，运用直线裁剪，这就使女性的性特征不可能如法国服饰那样得到直接强调，它转而含蓄地表现在"三寸金莲"中。即使如此，"三寸金莲"也不是如"紧身胸衣"那样暴露于大庭广众之下的，而是被视为无比神秘的隐私。

所以尽管都是通过对女性人体的束缚来表现性感，但中国和法国对女性身体束缚的部位是不同的，塑造的形态是不同的，审美追求也是不同的。"三寸金莲"和"紧身胸衣"这两种束缚女性人体的特殊服饰折射出了中法两国文化各自不同的特质。

2.3.2　相似的观念促成了同样的"重装"效果

虽然在这个历史阶段中国和法国女装的样式、结构存在许多不同，但她们同时也存在着一些相似的地方：

（1）五十步与百步——女装的阶级差别

由于这一时期的中国处于半封建、半殖民地社会，而法国处于早期的资本主义社会，阶级差别仍然存在，服装仍然是区别身份和阶层的工具。无论中国或是法国，女装样式都显示出其明确的阶级性和阶层差异。严格的等级和阶层的区分是靠服装材料、造型、色彩、装饰等的不同来界定的，有很多繁杂的规章制度是必须遵守、不能违背的，这也造成了近代女装缺乏自由变化的余地，使得女装的"重装"状态难以被突破而快速实现女装的简洁化。

（2）"三寸金莲"与"紧身胸衣"——女装的性别歧视

令人关注的是，无论是"三寸金莲"还是"紧身胸衣"，都发生在女性服饰上，这一方面反映出在以男性为中心的社会中，中法两国的女性为取悦于男性，取悦于男权思想主导的社会，曾不惜伤害自身健康，对身体进行残酷的人工整形，从而付出了沉重的代价；另一方面也反映出近代女装与男装鲜明的性别差异。

"三寸金莲"在中国传承了七百多年，"紧身胸衣"在法国出现了三百多年。它们作为一种美的标准，曾为中法两国的女性所渴求，甚至不惜忍受痛苦和付出生命的代价。由此可以看出，人类对于自然肉体的整形，无论文明程度的高低，文化形态的异同，心态是共通的。中国的"三寸金莲"和法国的"紧身胸衣"，都是人类服饰发展到一定历史阶段的产物，在对于美的追求上，它们顺应了当时当地人们的时尚追求；但在客观上，它们分别对中法两国女性的身体造成了极大的伤害。

近代社会强调服装的性别差异主要源于男尊女卑的性别不平等。男尊女卑的思想在当时是同时存在于中、法两国，由于性别歧视，女性在社会中是依附于男性的，基本上被限制在家庭范围中，没有参与社会生活的权利。为了在形象上达到取悦于男性的目的，女装努力追求符合男权社会审美标准的样式。"紧身胸衣"

和"三寸金莲"都是以服饰束缚人体，使人体极度变形来达到当时男性社会的审美欲求的。在中国，"三寸金莲"表现出来的是扭曲的性爱观；在法国，"紧身胸衣"则表现的是一种直接的性爱观。男权社会的审美观导致了重视男性的审美需求，重视女装的观赏性，而忽视女装的机能性和女性的健康。这种对于人工美的变态追求是与自然美相对立的，它体现了人类思维与自然相对立的状态，也体现了社会的不平等状态。"三寸金莲"和"紧身胸衣"对人体的束缚极大地妨碍了女性的行动，成为近代女装"重装"的一个组成部分。

（3）衣长曳地与装饰过剩——女装的非机能性

由于社会的发展，财富的积累，使女装对奢侈的追求成为可能。生产力的发展，物质生活的丰富，衣料文化的进步，加工手段、技术水平的提高，使服装趋于华丽、繁复。人类社会已从童年时期进入到青少年阶段，其社会审美也向着追求细腻、装饰的表面效果发展，近代中法女装因此在样式上更加考究，装饰也日趋繁琐、奢华。近代中法女装的另一个特征是衣服普遍较长。无论是中国的旗袍、裙子，还是法国不同时期的罗布，绝大部分都是衣长及地或曳地，不显露腿部的。更有甚者，中国的女装还要把脚和鞋都遮蔽起来，而法国女装当中出现的拖裾甚至可以长达几米。

衣服的长短对于女装的机能性影响是非常大的，一般情况下，衣服越长，女性的行动越受限制，所以说，普遍较长的衣长是妨碍女装机能性的重要因素，也是近代中法女装"重装"的另一个特征。

通过上述分析我们可以看出，近代中法女装的样式、结构存在着极大的差异，它们分别属于宽衣和窄衣两种完全不同的服饰文化体系。但是在它们样式、结构等诸多不同的背后，却又具有许多相似之处：那就是二者都还处于装饰过剩、束缚人体、缺乏机能性的"重装"状态。

但是，由于社会发展阶段不同，文化形态不同，女性的社会地位不同，所以中法两国女装也就表现出不同的状态。法国女装处于资本主义发展阶段，政治、经济、思想、文化领域都处在极为活跃的历史时期，女装就表现为一种积极的、跃动的、探索似的发展状态。而处在封建王朝末期的中国女装则表现为一种消极的、无动于衷的、无可奈何的相对静止停滞的状态。前者的改变虽然在传统的困扰下一波三折，但始终面向新世纪、新生活、新的社会变化积极寻求发展道路；而后者则如一潭死水，需要较强的外力推动才有可能变被动为主动，进入现代生活。由于法国社会在近代发展较快，它已经基本上做好了女装"轻装"化的各方面准备，处在了从"重装"向"轻装"转变的过渡阶段，而中国社会的落后状况却使得女装的现代化必然要走更长的路。

第三章

迈向新生的"轻装"
——现代中法女装样式结构比较

3.1 西风东渐——文化碰撞中的中国女装

20世纪初，资产阶级民主革命思潮迅猛传播，震撼着中国思想界，并推动民主革命运动的到来。[30] 与此同时，国内外出现了许多革命团体。[31] 1905年8月20日，中国同盟会成立，[32] 它标志着中国资产阶级民主革命进入一个新阶段。

1912年元旦，"中华民国"宣告成立。南京临时政府颁布了一系列有利于推行民主政治和发展资本主义的政策和法令。如：取消清朝律令中各类"贱民"条令；禁止买卖人口；废除主奴身份；通令剪辫子；禁止赌博、缠足、吸食鸦片；鼓励兴办工商业，振兴农垦业，奖励华侨在国内投资；提倡普及教育，删除旧教科书中的封建内容。这些政策法令，移风易俗，革故鼎新，促进了民族资本主义的发展和民主观念的传播。在孙中山的主持下，1912年3月11日，临时参议院颁布《中华民国临时约法》，按照西方资产阶级的民主制度和立法、行政、司法"三权分立"的原则，在中国建立了一个实行议会制和责任内阁制的资产阶级共和国。但由于南京临时政府和各省都督府中立宪派、旧官僚、政客的篡权，以及一些革命党人的妥协退让，致使南京临时政府权力被袁世凯所篡夺。其后，中国进入军阀混战时期。

中国自进入20世纪以来，由于受到社会变革和西方文化日益深入的影响，人民的生活在少数大城市和东部沿海地区有了一些变化，而广大农村和西部内陆地区仍然停留在封建的自给自足的自然经济时代。1949年，中华人民共和国成立以后，随着经济、文化的发展，整个中国社会逐步向现代化迈进。20世纪中期，新中国科学技术的进步对社会生产力和国民经济的发展起了巨大的推动作用。但是，20世纪60年代"文化大革命"的发动却使中国的经济建设和文化事业都受到严重破坏。拨乱反正以后，国家把发展科学技术和教育列为战略重点，国家的经济建设和文化事业才以更快的速度发展起来。

20世纪的中国风云变幻，女装作为时代的风向标也敏锐地反映出思想的进步和时代的变迁。1911年，孙中山先生领导的辛亥革命推翻了中国最后一个封建王朝，废除了帝制，建立了"中华民国"。历来深受意识形态影响的服饰文化也不可避免地面临一场革命，特别是1919年"五四"运动以后，社会思想文化领域的革命和社会结构的变革都直接反映到了中国女装上。同时为了追求国际化，跟上世界发展的潮流，中国女装开始积极学习西方，在 20 世纪 20 年代至 40 年代形成中西合璧的面貌。新中国成立的初期，女装基本上还保留着民国时期的面貌。城市女性喜欢穿旗袍，农村女性多穿上衣下裤，或者上衣下裙。布料也有所区别，城市里大多是机织的"洋布"，农村多用手工纺织的粗棉布、麻布。20 世纪 50 年代中后期，人民生活有了改善，出现了用花布制作的衣裙。"文化大革命"时期，青少年喜欢穿绿色的军服，普通人穿戴式样和颜色稍微鲜艳些，就被视为是资产阶级思想的反映，所以人们一般都不敢讲究穿戴。1978 年改革开放以来，随着经济的发展，服装也逐渐多样化，尤其是化纤工业的发展，使得服装的花色、款式更加丰富。

20 世纪是中国进入现代史的阶段，也是中国女装从"重装"向"轻装"演变的重要阶段，女装的样式、结构显示出与以往传统服饰截然不同的审美标准和发展趋向。

3.1.1 "民主思想"与女装平民化

辛亥革命推翻了清王朝的封建统治后，清代冠服和满族的剃发梳辫习俗一律被革除，千百年来以衣冠"昭名分、辨等威"的封建服饰制度被废弃，人们的衣冠服饰发生了巨大的变化。1911 年 7 月（民国元年七月），"中华民国"参议院公布男女礼服，之后又相继公布过地方行政官公服，外交官、警察、律师、推事、检察官、陆军、海军、矿业警察等的制服以及学生的操衣（即现在的校服）等，大规模的服饰改革由此拉开了帷幕。

当时所规定的女子礼服是上衣下裙。上衣长至膝盖，袖长到肘，有领子，采用对襟样式，衣身的左右和后下摆有开衩，周身施加锦绣图案装饰（图 3-1）；下裳穿着的裙子是"马面裙"，前后中幅的裙片（即裙门，也称"马面"）是平直的造型；其左右裙幅打裥，裙腰的部分两端用带子系扎。从上述描述来看，这种样式基本上是清代汉族女装的发展。但是由于这些条例不切合当时的中国国情，所以没有能够实行下去。20 世纪 20 年代末，"中华民国"政府重新颁布《服制条例》。这次规定的服饰，主要是男女的礼服和公务人员的制服，对于平时便服，则没有再作具体规定。

图 3-1

（1）图为清代慈禧太后的女式礼服（传世品，引自 *China Chic:East meets West*），（2）图为 1920 年出版的民国初期官方制定的男女礼服的形制（引自 *Evolution & Revolution*）

（1）

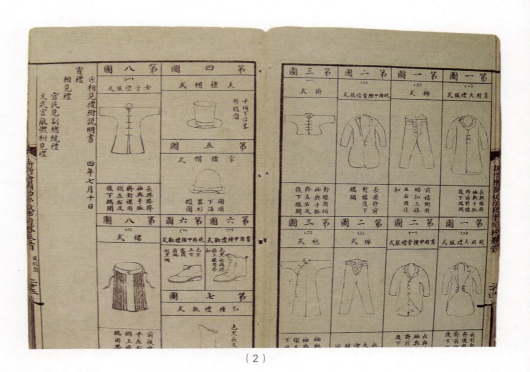

（2）

至此，中国传统女装中严格的封建服饰等级制度被基本革除了，繁琐的服饰配套被简化了，层叠穿衣相对减少了（图3-2）。今天看来，废除传统的服饰制度，是在当时特定的历史背景下，中国社会政治、文化发展的必然结果，是资产阶级革命打破封建统治秩序，民主思想战胜专制思想的反映。它的积极意义在于，为辛亥革命以后中国女装彻底摆脱封建服制的束缚，在指导思想上走向解放，在价值追求上走向民主，最终走上现代化发展的道路扫清了障碍，是打破传统女装体系、建立现代女装体系的第一步，也是中国女装从"重装"走向"轻装"的第一步。

3.1.2 "窄衣文化"与女装立体化

中国传统女装属于宽衣文化体系，衣服的样式宽松肥大，遮身蔽体，衣服的构成方式也是两面构成的平面结构。尽管中国历史上曾出现过赵武灵王"胡服骑射"的服饰改革，将少数民族的比较紧身适体的服装引进到中原，加强了服装的机能性，但是这样的服饰改革一则多限于男装，特别是考虑到服装对于战斗力的影响，因此比较重视军戎服装的机能性改革，而对于女装的影响则微乎其微；二

（1）

（2）

图 3-2

（1）图为 1914 年月份牌广告上穿袄裙的时髦女性（引自 Evolution & Revolution），（2）图为上袄下裙（传世品，引自《中国历代服饰》）

则即使是那种紧身适体的服装，在造型和构成方式上其实也还是平面的，因为它们从未出现过在服装的立体构成中所必须拥有的侧面结构，也从未出现过表现人体起伏的省道。

随着西方文化影响的深入，20世纪以来的中国女装开始不断接受西方女装的流行观念，不断学习、吸收西方窄衣文化体系中女装的样式、结构特点，开始重视立体形态的塑造。在这个过程中，中国传统女装文化受到急剧冲击，渐渐偏离了原来的宽衣文化体系，开始朝着窄衣文化的方向发展，女装的结构也相应发生了从平面到立体的转变。以此为基础，逐渐形成了20世纪独具特色的中国女装文化。下面举几个具有代表性的例子来说明这种转变过程。

（1）中西合璧的旗袍

民国时期，中国女子服饰中较为普遍的样式是旗袍。

旗袍本来是满族女子的服装，清末满族的旗袍，特点是宽大、平直，下长至地面，材料多用绸缎，衣上绣满花纹，领、袖、襟、裾都滚有宽阔的花边（图3-3、图3-4）。也就是说，原来的旗袍是典型的宽衣文化的产物。但到了20世纪，旗袍的样式、结构却有了显著变化。

据史料记载，20世纪20年代以后，汉族女子也开始穿用旗袍，并在原来的基础上推陈出新，不断改进，逐渐演变成了兼具外来文化和民族特色的女子服装。

图3-3

传统的满族旗袍，宽松肥大（引自 *China Chic: East meets West*）

图 3-4

20 世纪初满族女性的旗袍，衣身已经开始逐渐收窄（传世品，现藏于 *Powerhouse Museum*）

　　20 世纪 20 年代初，新式旗袍的腰身仍然比较宽松，采用直线裁剪，旗袍的长度大都到脚面或小腿，旗袍的袖口宽大，周身做滚边镶边装饰。作家张爱玲曾评价道："初兴的旗袍是严冷方正的，具有清教徒的风格。""倒大袖"[33]是 20 世纪 20 年代旗袍样式的一大特点。这时的旗袍还是宽衣，只是相对于清代末期的旗袍简洁了许多而已（图 3-5）。

　　到了 20 世纪 20 年代末，西方服饰文化的影响日益深入，旗袍的样式也有了明显改变，如缩短旗袍长度、收紧腰身、显露体型，等等（图 3-6）。其中最为重要的是受到西方女装曲线裁剪观念和技术的影响，中国女装改变了直线裁剪的传统习惯，开始追求称身适体的立体造型。由此，中国女装结构开始了从直线裁剪向曲线裁剪的转变，服饰状态也开始了从宽衣向窄衣的过渡。旗袍的袖口逐渐缩小，腰身开始合体，并在袖口装有西式的袖克夫。直观、暴露的窄衣文化审美观逐渐取代了传统宽衣文化那含蓄、隐晦的审美意识。

图 3-5

20 世纪早期的旗袍
[（1）图、（2）图
引自《旗袍旧影》,（3）
图引自《中国旗袍》]

（1）　　　　　　　　　　（2）　　　　　　　　　　（3）

　　20 世纪 30 年代旗袍的特点，是在 20 世纪 20 年代旗袍的基础上进一步吸收同时期法国女装彰显女性韵味的特色，使旗袍造型更加紧身修长。至 30 年代中期，"倒大袖"逐渐消失，旗袍长度加长了，为了便于行走，两边开高衩，有的甚至前后也开衩，而腰身紧绷贴体，充分显示女性体型的曲线美，并能增添女体修长的美感，把人衬托得亭亭玉立。30 年代末，旗袍的造型更加西化，不仅采用胸省和肩省，而且还运用装袖和垫肩（图 3-7）。

　　20 世纪 30 年代的旗袍变化多样，领子由低到高，或有或无；袖子忽长忽短，或留或去；面料从爱国布（国产本白或毛蓝布）、阴丹士林布，到各种进口纺织品，五花八门、不一而足。有的旗袍还在领、袖等处采用荷叶边、开衩袖等西式造型。当时与海派旗袍[34]的时髦有所不同的是，北方地区的京派旗袍[35]更多地继承了传统旗袍的文化特征，表现为衣长及膝，袖长及肘，即使是冬天穿的棉旗袍也是袍身宽阔，袖仅过肘，露出玉腕。

　　通过对这一时期旗袍板型结构的进一步研究（图 3-8），可以发现以下特点：一，出现了立体造型的要素。胸省、腰省的运用使女装出现了正面、侧面和后面的构造，也使中国女性胸、腰、臀的身体曲线显露出来，中国女装从遮盖型转变为体形型。这反映出西方窄衣文化对中国传统宽衣文化在观念和形式上的显著影响。二，前后衣片分别裁制。中国女装中出现了肩缝等分割结构，这是窄衣服饰

图 3-6

20 世纪早期的旗袍，逐渐显露腰身（传世图照，引自《中国旗袍》）

（1）　　　　　　　　　　（2）　　　　　　　　　　（3）

（4）　　　　　　　　　　（5）

（6）

图 3-7

20 世纪 30 年代显露腰身的旗袍。[（1）图、（4）图及（6）图选自 20 世纪 30 年代的月份牌广告，（2）图为传世实物，引自《中国历代服饰》，（3）图和（5）图为传世图照]

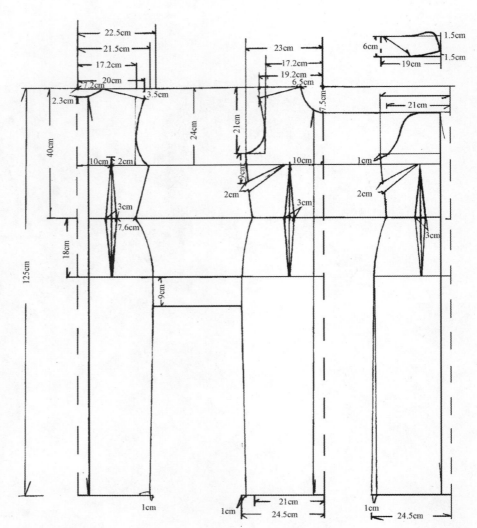

图 3-8

20 世纪 30 年代中国旗袍裁剪图（臧迎春绘制）

文化体系中构筑型女装的特点之一。三，立领、开衩、大襟、盘纽等传统中国服饰的特点依然保留。特别是向右开襟的方式作为中国的传统，是儒家"尊右卑左"思想的反映，这正好与西方女装均"左衽"的习惯相反。旗袍在接受西方服饰文化的同时坚持了这一特点。

旗袍的样式、结构发展到 20 世纪 30 年代，已经完全脱离了原来的形式，从宽衣转变成窄衣，变成一种具有独特风格的中西合璧的女子服装样式（图 3-9）。

（1）

图 3-9

图 3-9

20世纪上半叶的中国旗袍［（1）图引自《旗袍旧影》,（2）图引自 *Evolution & Revolution*］

（2）

旗袍的造型与人体紧密结合，适合中国女性的体态特征，上下连属，简洁朴素，衬托出女子的形体，加上西式高跟皮鞋的衬托，更能体现出女性的秀美身姿。其简洁美观的特点反映出旗袍的样式和结构适应了社会变革的需要，她本身已经成为新文化的代表，因而在当时的中国中心城市得到普遍认同。

（2）西式风格的女装

20世纪30年代以后，因受到西方生活方式的影响，中国女子服饰中出现了各种奇装异服。这个时期的女子上衣腰身都比较窄小，领子降得很低，袖子长不过肘，下摆制成弧型，并在领、袖、襟、裾等各个部位缘以不同的花边。裙子也略有缩短，但不曾短到膝上，裙褶完全取消而任其自然下垂。裙子的边缘绣有各种花边，有的还加上珠宝垂缀，使之光彩闪耀。这是文化受到强烈冲击之后的必然反映，也是一种对新的女装风格的探索。

当时与旗袍同时流行的，还有连衣裙等西式女装。从20世纪20年代起就有一部分留学生及文艺界、知识界的人士开始穿着连衣裙，到30年代穿着者渐渐增多。连衣裙的特点是上衣和下裙相连，在腰间收紧，或者在腰间加带袢，可以束腰带，能够显示出腰身的纤细。连衣裙多为直开襟，有开在前面的，也有开在背后的。各种袖长都有，长袖和中长袖有袖头，短袖则采用平袖，也有作泡泡袖、喇叭袖的。领子有尖领、圆角领、水兵领、飘带领、蝴蝶结领和铜盆领，领口造型有圆形、"一"字形、"U"形、方形、"V"形等，下裙有作斜裙、喇叭裙的，有作褶裥的，也有作塔裙的（图3-10）。各种连衣裙共同的特征是追求立体结构，并在裁剪上使用曲线裁剪的方式，是典型的西方窄衣文化的体现。

（1）　　　　　　（2）　　　　　　　　（3）

图 3-10

（1）图与（2）图是20世纪初的西式女装（引自《中国历代服饰》），（3）图是传统的上褂下裙与西式婚纱的组合（引自 Evolution & Revolution）

这个时期在中国流行的西方女性服饰还有其他许多名目，如大衣、西装、马甲、长裙、围巾、手套、高跟鞋，等等。

西式女装在中国社会的流行和普及大大巩固了窄衣文化在中国现代女装当中的地位，进一步推动了中国女装从平面向立体的转变。

20世纪50年代以后，由于冷战的格局和西方世界对于中国大陆地区的经济封锁，也由于国内的政治气氛，中国女装在这一时期的发展非常迟缓。在社会主义阵营当中，苏联的女装对于解放初期的中国女装样式、结构产生了较大的影响。当冷战人为地关闭了中国和西方沟通交流的大门之后，苏联成为20世纪50年代对中国女装产生影响的最重要的国家。当时，苏联的布拉吉和军服式女装都成为中国女性所青睐的样式，而苏联女装的样式、结构也属于西方窄衣文化体系，强调立体结构。

至此，中国女装在形式上基本上实现了从宽衣向窄衣、从平面到立体的过渡。但是，在观念上，中国女装从宽衣到窄衣、从平面到立体的过渡还远远没有完成。

3.1.3 "简约主义"与女装简洁化

中国女装在"轻装"化进程中的另一个任务是要完成从繁缛到简洁的转变。在这个转变过程中，中国女装受到了方方面面因素的影响。其中"维新派"康有为等人就曾不止一次地主张服饰的简化："中土衣冠重累，不便操场，步趋于迂缓为雅，腰背以伛偻为恭，尚武之精神消磨殆尽……必束发更衣，乃克从事，盖去所不便以趋于便，势有不得不然者也。"[36]维新派人士认为宽松肥大、繁缛复杂的服饰不仅不适合现代生活的特点，不能与工业社会相适应，而且造成了巨大的浪费，因此必须进行改革。

（1）"文明新装"

民国初年，中国的留日学生很多，由于受到日本女装的影响，当时中国的一些青年女子开始穿着窄而修长的高领衫袄，下穿黑色长裙，裙上不施加任何刺绣、纹饰，衣衫也比较朴素，簪钗、手镯、耳环、戒指等首饰一概不用，这与传统女装形成了鲜明的对比，当时被称作"文明新装"，大大影响了同时代中国的女装（图3-11）。这种女装风格带有反传统、反男权的思想倾向，因此具有现代女装的特征。

（2）"简约旗袍"

20世纪40年代，日本军国主义发动的大规模的侵华战争使中国处于战时的经济萧条时期，物资匮乏，人们从经济和便于活动的机能性考虑，将旗袍的衣身和袖子的长度缩短。特别是炎夏季节，袖长短至肩下3至6厘米，甚至把袖子取消；领子大多使用低领，或使用可以拆卸的领衬；衣长进一步缩短并尽可能省去各种装饰，女性暴露的程度因此而有所扩大，旗袍由此更加轻便、适体（图3-12）。

这时的旗袍在简洁、质朴的同时，在结构上更加西化，如普遍运用装袖和拉链等西式要素，等等。

图3-11

宋庆龄所穿着的"文明新装"（引自《旗袍旧影》）

图3-12

20世纪40年代的"简约旗袍"（左图引自《旗袍旧影》，右图引自 Evolution & Revolution）

与传统汉族女装相比较，简约旗袍的一个显著特征就是简洁。以前女子从上到下的一套服装，需要置办上衣、裤子、裙子等很多配套服饰，而现在一件旗袍就已足够。它造型简洁，用料节省，做工简便，而且能与中式女褂、女袄、女西服上衣、西式大衣、毛线衣、裘皮大衣等各式服装配套。旗袍本身也可以用纱、绉、绸、缎、毛呢、棉布等面料制作成单、夹、棉、裘等不同种类。袖子宽可盈尺，窄可束臂，长可过手，短可无袖。下摆可方可圆，还可加折裥边饰。纹饰可加彩绣，上缀串珠亮片，镶滚锦绣花边，也可朴素无纹，能够雅俗共赏。在用料、做工方面也大大减少了工本。

可以说，外来文化、战争和现代生活方式等的影响使中国女装在 20 世纪 40 年代最终摒弃了具有繁缛装饰的中国传统女装样式。简洁的女装样式同时也为以后女装进行大批量的工业化生产、推动社会的民主化进程奠定了基础。

3.1.4 "功能主义"与女装短衣化

衣长逐步缩短是现代女装发展的一个显著特征。中国女装在长达几千年的服饰传统当中一直是长袍或长裙及地的，鞋和脚都被认为是绝对隐私，不可以轻易显露。但随着 20 世纪初女性解放思想的传播和西风东渐，以及现代社会生活方式的确立，中国的服饰传统受到强烈冲击，人们的反封建思潮也在女装上得到了明显体现。一些人认为衣服"不宜过于长大，妨碍工作上的运动……主张女子剪发穿短衣"，[37]以追求女装的机能性，适应现代生活节奏的加快。

女装的长度开始逐渐变短，先是露出了脚面，其后出现了长达小腿的旗袍或裙子，再后来女学生的裙子和一些时髦女性的衣服干脆短至膝盖，女性的腿成为新的视觉中心。当然衣长的变化是随着流行而时长时短的，但在 20 世纪上半叶，其总趋势是逐步变短。20 世纪 30 年代初期，旗袍的腰身、袖口相应缩小，而长度则普遍是到达膝盖。衣长的缩短大大增强了女装的机能性（图 3-13）。

3.1.5 "天足运动"与摒弃"三寸金莲"

缠足是对中国女性人体最大的束缚（图 3-14、图 3-15），因此"天足运动"在中国女性解放和中国女装现代化的过程中具有重要意义。

"天足运动"发生于清末，民间一些有识之士从举世崇拜金莲的狂热中清醒地认识到缠足的危害。其实早在清朝中期，学者袁枚就在《牍外余言》中写到"……女子足小，有何佳处，而举世趋之若狂。吾以为戕贼儿女之手足以取妍媚，犹之火化父母之骸骨以求福利，悲夫！"李汝珍在《镜花缘》中也予以猛烈抨击。此外龚自珍、钱泳等人也大肆推崇天足，这对世风的改变都产生了深远的影响。太平天国时，曾极力劝阻妇女缠足，天京（今南京）等义军所到之处天足普遍。辛亥革命前后，随着西方文化的东渐及国内进步人士的提倡，"天足运动"蓬勃兴起，维新派领袖康有为、梁启超都积极投身劝禁缠足的活动。因此"在维新派鼓吹变法之前若干年，在少数开明知识分子家庭已经实行——如康有为的两个女儿都是天足——但彼时的'不缠足'，只限于个别前卫精英家庭行动上的反叛，而没有在语言层面成为社会思潮的一种标志。"[38]

在晚清一些进步知识分子倡导天足的基础上，辛亥革命以后，湖北军政府和南京临时政府曾多次明令禁止缠足，得到了民众的普遍响应。到民国时期，许多尚未缠足的女孩不再缠足，已经缠足的妇女也开始放足。经过几十年的努力，尤其是随着1949年新中国的成立，在新思想的号召下，缠足之风逐渐废止。

（1）

（2）

（3）

图 3-13

（1）图为 20 世纪 20~30 年代
的旗袍（引自《旗袍旧影》），（2）
与（3）图为 20 世纪月份牌广
告中的旗袍与裙裙（引自 *China
Chic:East meets West*），（4）
图是 20 世纪 50 年代的旗袍，（5）
图是 20 世纪 60 年代的旗袍（引
自 *Evolution & Revolution*）

（4）

（5）

（1）

图 3-14

图 3-14

中国女性的缠足（引自 *China Chic：East meets West*）

（2）

图 3-15

中国女性缠足后所穿的鞋——"三寸金莲"（传世品，私人收藏）

随着洋务运动、西学东渐、"五四"文化启蒙运动的深刻影响，尤其是当时中国社会的长期战争动荡，从思想意识、社会形势和实际生活诸方面都要求女性必须走出家庭进入社会，甚至必须担负起与男子一样的社会工作。在这种情况下，缠足也就成为社会所必然唾弃的腐朽恶习，而天足则是健康和进步的标志。当时的歌谣唱道："大脚好，大脚了，去操作，多快活。又不裹来又不缠，又不疼痛又省钱。""天足运动"从19世纪后半叶开始，到小脚的真正灭绝，差不多用了一个世纪，这个漫长的过程也说明了终结一段历史的艰难。

近现代文明最核心的内容就是人的解放，而近现代中国人的解放是从女人的脚上开始的。脚的解放，标志着女性地位有所提高，中国女性缠足的放驰绝不只是肉体的解放，更为关键的是精神的解放。

3.1.6 "女性主义"与女装男性化

20世纪以来，中国女装的男性化进程伴随着女性主义的发展持续不断进行着。新文化运动以从封建意识形态的桎梏下解放人、解放个性为其精神价值取向，赋予妇女解放以新的含义。五四运动后，"男女平权"的呼声日益高涨，新女性开始致力于挣脱旧式婚姻束缚、争取恋爱自由、谋求教育与就业的权利。

民国初期，大城市中的汉族女性开始穿着旗袍是值得关注的一种现象。清朝政府统治中国三百多年，汉族女子一直很少穿用旗袍，为什么在清朝灭亡以后，汉族女子却偏偏开始穿着旗袍了呢？

根据《旗袍里的思想史》一文的描述，原因是这样的：在中国的服饰传统当中，女性总是"三绺梳头，两截穿衣"的；而男子穿衣则是"一截"的。这种男女间的差别对20世纪初非常注重男女间在形式上的"平等"的"新潮"女性来说，可是个"大是大非"的"原则问题"。于是，便有那"要求解放"的女子，开始大胆而叛逆地穿起了"一截"的长袍——旗袍。只是那是为了向男子看齐，初兴时旗袍的样子便都是男性化的。由此可见，民国初期旗袍的广泛流行是与女性解放思想密切相连的。

20世纪20~40年代，由于女性解放思想的进一步传播和战争的影响，中国女性更多地参与社会生活，甚至直接支援前线，女装更加追求机能性，女装男性化已经成为历史的必然选择（图 3-16）。新中国建立以后，20 世纪 50 年代逐渐发展出具有中国特色的西式女装，这是受属于窄衣文化体系的苏联服装的影响，从而形成的具有中性化或男性化倾向的女装，富于机能性的上衣下裤成为很多年轻女性的选择。其 50 年代的代表样式有列宁装和布拉吉等。

20 世纪 60~70 年代，由于政治思潮的影响，传统女装已经完全失去了踪影，对外交流也非常有限。随着中国和苏联的外交矛盾逐渐公开化，中国政府开始批判苏联是"修正主义"，这对苏联服饰的流行起了一定的抑制作用。而与此同时，女性"半边天"的教育和一系列男女平等的政策，例如同工同酬等，使得中国女性得到了更多的解放，社会地位显著提高。当时中国女性主要穿灰色、蓝色的工作服，青年学生则多穿草绿色军便衣，样式、结构变化不大，基本上是男装的翻版（图 3-17），裤装成为女性最为重要的服饰之一。至此，女装男性化已经发展到了一个高峰。

图 3-16

20 世纪上半叶的女装男性化（引自 *China Chic: East meets West*）

（1）　　　　　　　　　　　　　　（2）

3.1.7　开放国门与女装融合

20 世纪初，由于海禁开放，中西方的贸易和交流有所加强，不仅大量西方国家的纺织品进入了中国市场，而且同一时期西方的服饰流行观念和服装产品也进入了中国社会。人口集中、工商业和文化事业都比较发达的上海、香港等地，逐渐成了中国的时尚中心。随着服饰报刊的宣传，新式服装材料的织造和引进，以促销为目的的各种服装表演和展览的出现，上海、香港女子服饰的变化也越来越快，左右着全国女子服饰的变迁（图 3-18）。盛行于巴黎的细长造型，降低腰线，缩短裙长的新的审美观念，都在 20 世纪 20 年代的中国女装上有所体现。在 1933 年的上海报刊上刊登着这样一首歌谣："人人都学上海样，学来学去难学像。等到学了三分像，上海早已翻花样。"可见当时服饰变化之迅速以及人们对接受西方流行观念较快的上海服装款式的崇拜。

进入 20 世纪 30 年代，女装的流行之风越来越盛，从下面的几个例子中我们可以看到流行的影响。

（1）旗袍的流行变化

旗袍在 20 世纪 30 年代的中国社会是非常盛行的女装样式之一。当时旗袍在流行中的样式变化主要集中在领、袖及衣身的长度等方面。旗袍先是流行高领，领子越高越时髦，即使在盛夏，薄如蝉翼的旗袍也一定要配上高耸及耳的硬领。

图 3-18

20 世纪初印在香烟卡片上的时尚女性和时尚女装样式（引自 Evolution & Revolution ）

渐渐地又流行低领，领子越低越"摩登"，当低到实在无法再低的时候，干脆就穿起了没有领子的旗袍。旗袍袖子的变化也是如此，时而流行长的，长过手腕；时而流行短的，短至露肘。至于旗袍衣身的长度，更有许多变化，在一个时期内，曾经流行长的，走起路来无不衣边扫地，后来又改成短的。从旗袍的快速变化，我们可以看到西方的流行观念对于当时中国女装的深刻影响（图 3-19 ）。

（2）上衣下裙的变迁

在 20 世纪 20 年代，上衣下裙也是中国女装比较流行的样式，其中上衣包括衫、袄、背心等。上衣的样式有对襟、琵琶襟、"一"字襟、大襟、直襟、斜襟等变化，衣服的领、袖、襟、摆等处大多镶滚花边，或施加刺绣纹饰，衣摆有方有圆、宽瘦长短的变化更是紧随时尚。裙子也跟随流行不断简化，马面裙逐渐在生活中被淘汰，斜裙、绕膝裙、喇叭裙、百褶裙、塔裙等西式裙子逐渐进入中国女性的生活（图 3-20 ）。当时上层社会的大家闺秀非常注重保持端庄大方的风度。高领窄袖式长袄配长裙是她们一般的装束，但即使如此，流行因素的影响也不可小觑。

20 世纪 40 年代中国中心城市的女性穿西式服装蔚然成风。20 世纪 50~70 年代的流行则与新中国的审美标准密切相联，列宁装、人民装、中山装、军便服成为时尚，上衣下裙很少出现。20 世纪 80 年代以后，西装、连衣裙等层出不穷的国际流行再次进入中国女性的生活，上衣下裙又有了新的变化，中国的女装潮流化更加明显。

1978 年中国大陆实行改革开放，经济的发展和思想文化的解放为中国现代女

图 3-19

20 世纪旗袍的流行变化（传世图照，引自《旗袍旧影》）

图 3-20

20 世纪上半叶中国女性穿着上衣下裙的流行变化［（1）图引自《旗袍旧影》，（2）图引自 *China Chic:East meets West*］

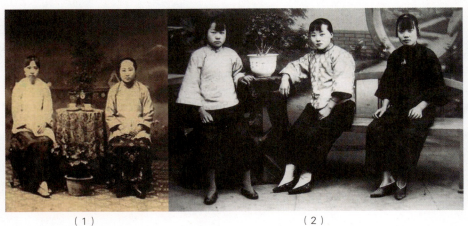

（1）　　　　　　　　　　　（2）

装的发展从各方面准备着条件。

首先，思想领域活跃。改革开放以后，中国与其他国家和地区的交流日益频繁，越来越多地参与国际重要事务，视野更加开阔，思想空前活跃。西方的思想、文化和科学技术对 20 世纪 80 年代以后的中国产生了很大影响，也为中国女装接受和学习西方女装做了思想上的准备。

第二，科学技术发展。20 世纪 80 年代中国已经发展成为世界上最大的棉布生产国，高分子化学纺织品发展突飞猛进，并已成为高科技纺织产品的生产大国。

中国传统的服装制作行业，除少量宫廷冠服由官办作坊集体生产外，一向以个体手工缝纫为主，师徒相传，传授技艺，缺乏理论指导和设计。在这个时期，通过引进国外先进的设备和技术，加上大量外单加工中积累的经验，中国的成衣生产也有了快速发展，规模不断扩大，水平不断提高。

第三，建立服装教育和研究机构。20世纪80年代初期，中央工艺美术学院首先在中国设立服装设计专业，接着各地院校相继设立服装设计专业，又相继设立服装研究设计中心或研究所、服装协会等学术组织，进行国内外的学术交流和活动，大大促进了服饰文化的研究，也为中国服装业的发展培养了大量的人才。

第四，服装传播媒体成长。从20世纪80年代开始，《时装》、《流行色》、《中国服装》、《现代服装》、《中国服饰报》等专业报刊陆续创刊出版，同时，许多国外优秀的服装专业期刊、书籍也大量进入中国；国内还开始创办"时尚妆苑"、"霓裳"等多种电视服饰栏目，各种时尚专业网站陆续出现，它们传递着国内外服装、色彩、面料的流行信息，也介绍着流行式样、传递流行趋势、交流设计经验等。这些信息平台的搭建为服装资讯在业内外的传播，提高整个社会对于时尚和市场的认识起了重要作用。

这个时期的女装主要还是模仿西方的女装样式，西式衬衫、裙子、裤子、西服、大衣等都开始进入中国人的生活中，但是由于对于西方服饰文化的内涵和西式服装的样式、结构还缺乏足够的了解，所以基本上还是处在盲目追随、模仿西方女装的阶段，也因此出现了许多不尽如人意的地方。

20世纪90年代，中国女装进入了飞速发展的时期。1993年4月，北京举办了首届国际服装博览会，著名国际服装设计大师费雷、皮尔·卡丹等亲临参加服装表演，使中国服装界开始与世界高级时装接触。此后每年在中国各大城市举办的服饰博览会等时尚活动，推动了时装信息的传播和设计师、企业的互动，增进了与国际服装界的交流。

20世纪90年代中期以后，中国人的民族自信心逐渐增强，在寻找民族身份和怀旧情绪的影响下，中式风格的女装卷土重来。其代表样式有中式上衣、中西式旗袍等。此外，一批中国自己的服装公司、女装设计师和服装媒体也逐渐浮出水面，通过他们的努力，共同推动着中国女装样式、结构的发展（图3-21）。女

（1）

（2）

图 3-21

（1）图、（2）图为 20
世纪 90 年代出现的中国
现代女装的样式（引自
*China Chic:East meets
West*）

西服、连衣裙、各式裙、裤（牛仔裤）等都进入中国女性的日常穿着中。

而与此同时，20世纪90年代以来网络技术的快速发展更为中国服装业提供了前所未有的机遇。通过互联网，国际上最新的服装资讯可以很快进入中国，打开也开阔了中国服装界的眼界。

中国女装由此进入多样化时代，与国际女装流行密切互动。

进入21世纪，全球一体化市场的形成，国际社会政治、文化等领域的相互依赖越来越强，中国服装业也加强了与国际社会的沟通与合作，中国成为全球重要的女装生产和加工基地，中欧、中美的服装贸易成果显著。

与此同时，业内人士也在努力提高中国女装的设计、制板、制作工艺和服装管理等方面的水平，不断研究服装市场、服装物流、服饰传媒等领域的内容，为"中国设计"而不懈努力着。

随着中国加入世界贸易组织（WTO）和中国市场的进一步开放，中外服饰文化的融合更加明显，中国女装在样式、结构上既在不断地追逐着当代时尚潮流，也开始重视塑造中国女装服饰文化的自我形象。由于服装的现代化不仅是工艺或材料科学问题，而且也受到民族文化和审美风尚等的影响，所以在当代对服装的需求开始趋向于个性化的时候，中国女装正面临着一次新的发展机遇与挑战。

3.2 潮起潮落——法国女装的"轻装"化步伐

19世纪末到20世纪初，欧洲资本主义从自由竞争时代向垄断资本主义阶段发展。英、法、德、美等几个发达国家进入帝国主义阶段。帝国主义之间相互争夺市场和殖民地的矛盾日益尖锐，最终导致了20世纪第一次、第二次世界大战的爆发。除了战争的影响以外，各种社会思潮也是影响20世纪法国女装样式、结构不可忽略的因素。

20世纪初的法国社会充满了活力与锐气，并不断激发着现代科学技术的进步。1909年，路易·布莱里奥成为第一位驾驶动力机械飞越英吉利海峡的飞行员。法国还在1911年开设了世界上第一项航空邮递服务，每年一次的环法自行车比赛于

1903年开始。标志和德迪翁·布东成为早期法国汽车工业的霸主。地铁在巴黎城市的地下穿行。收音机逐渐普及，听众通过广播感受到了爵士乐的魅力。流行的福特汽车比赛成为街谈巷议的热点话题，体育运动的风靡使皮质头盔、夹克和外套成为时尚。然而，随着时代的发展，女性问题更加明显了，她们没有投票权，不能参加公职，无法担任陪审团成员，不能管理自己的财产，甚至不经丈夫许可就不能接受一份工作。如果有通奸的事件发生，妇女将被判有罪，而男子则仅被定为行为不轨。与此形成鲜明对比的是，在第一次世界大战前夕，有将近40%的法国妇女在外工作，这一比例要比其他任何一个欧洲国家都高。女性解放成为时代发展的必然选择。

20世纪上半叶的巴黎，既是时尚之都，也是思想和艺术的故乡。诗人、画家、作曲家、建筑师、装饰艺术家、高级时装设计师会聚一堂，他们彼此间相互熟识，互相影响，充满了创作的激情，共同营造着巴黎的艺术氛围。在这一时期的女装中，我们可以清晰地看到新艺术运动和装饰艺术运动的影子，看到正在发展着的现代艺术投射到时装上的轨迹。这些影响既有来自于毕加索、布拉克的立体主义、野兽主义和表现主义风格，也有来自于康定斯基的抽象表现，蒙德里安的早期几何形，布兰库斯的极简主义，达利的超现实主义，马蒂斯的线描，还有莱热、布尔德尔、莫底里阿尼、劳伦斯和杜尚的作品。当然，包豪斯与构成主义，达哈列夫的俄罗斯芭蕾舞，以及巴克特在其中的舞台美术和服饰设计也不容忽视，他们都深深影响了活跃在巴黎的女装设计师们。

作为20世纪世界女装的中心，法国巴黎有着一流的服装材料，一流的服装设备，一流的帽商、鞋商、箱包商、珠宝商、金银匠，一流的裁缝和具有极高鉴赏水平的各色顾客和媒体记者。但万万少不了的，是那些前仆后继朝圣般奔赴巴黎的各国设计人才。是他们带来了不同民族的服饰文化，用天才和智慧创造了现代的法国女装艺术，创造了一门可以与绘画、雕塑、建筑等艺术相媲美的艺术，创造了一个个席卷全球的女装流行浪潮，创造了整整一个世纪的浪漫与辉煌。

20世纪是法国女装急剧转型的时期，通过近代的发展积淀，各方面的条件已经成熟，从"重装"到"轻装"的女装转型是水到渠成的事情。

3.2.1 "回归自然"与去掉整形内衣

自紧身胸衣和裙撑诞生以来，法国女装的内部结构和外部形态的变化就与此二者紧密相连。其中紧身胸衣对女性的束缚，不仅给女性的身心健康带来了极大的危害，而且也限制了女性的自由活动和女装的自由发展（图3-22）。随着女性解放运动的蓬勃兴起和社会的进步，当时的女性越来越多地参加社会生活和体育运动，她们热衷于跳舞、打网球、骑自行车、骑马、射箭……在这些活动中，传统女装已经成为严重障碍，无论是以紧身胸衣为基础的窄瘦上衣、长及脚面的裙子，还是不透气的面料，都已经不能满足有运动需求的女性。裙撑在19世纪末已经被逐渐淘汰，到了20世纪初，"把紧身胸衣从女性身上去掉"、回归肉体的自然状态，已经成为时代发展的需要。

20世纪初，具有"革命家"之称的法国服装设计师保罗·波阿莱认为，传统女装夸张臀部和强调高耸的胸部的做法是荒诞的、不正常的，也是违反女性身体的自然形态的。在经过研究之后，他率先在巴黎推出了高腰身、细长形的希腊风格的女装，这种直线造型的设计在当时是一个革命性的举动，它把数百年来束缚女性的紧身胸衣从女装上去掉了（图3-23），这也是继拿破仑时期的新古典主义风格和帝政样式以来，女装第一次摒弃紧身胸衣。保罗·波阿莱还进一步从古希腊、罗马雕像上的服装样式中得到启发，将女装的穿着支撑点从胸腰部完全移至肩部，使衣褶自肩部像瀑布一样倾泻而下，将女性胸腰臀的起伏涵盖其中。在论述他的设计理念时，他强调"dress的支点不是在腰部，而是在肩部"，这不仅打破了长久以来法国传统女装造型胸、腰、臀三位一体注重人工塑型的审美模式，而且解放了被束缚的女性身体，把服装设计的核心放在了女性身体的自然表达上，加强了服装的机能性，弱化了女装和男装的性别差异，奠定了20世纪女装样式流行的基调。简而言之，保罗·波阿莱对法国女装的贡献之一就在于突破了传统女装的审美观念，而赋予女装一个新的发展方向。

同时期，玛利亚诺·佛图尼的设计也具有同样解放女性腰身的思想。他的设计来自于古希腊的希顿（Chiton），完全放弃了紧身胸衣，给女性以充分的活动自由（图3-24）。

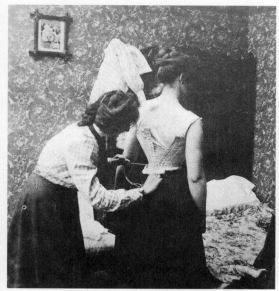

（1）

（2）

（3）

（4）

图 3-22

女性的紧身胸衣束缚着女性的身体［（1）图、（2）图、（3）图引自 *20th Fashion*，（4）图引自《20 世纪设计》］

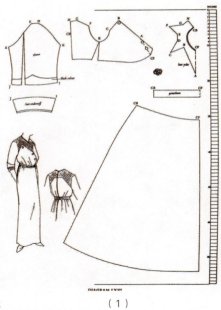

（1）

（2）

图 3-23

保罗·波阿莱的希腊样式
女装解放了女性的身体
［（1）图引自 *Pattern*，
（2）图、（3）图引自
Fashion Illustration，（4）
图引自 *20th Fashion*］

（3）

（4）

图 3-24

佛图尼的女装设计

（引自 *Fortuny*）

　　继保罗·波阿莱、佛图尼以后，让·帕图、帕康等设计师也纷纷致力于放松女性腰身的女装设计，共同推动了法国女装从束缚到解放的进程。例如让·帕图在注意到女性参加体育运动的强烈愿望和传统女装的非机能性缺陷后，便开始认真研究和设计女性运动服装。帕图为当时的网球名将苏珊娜·蓝利设计了著名的网球服，那是白色的皱褶短裙、开襟的羊毛衫和白色的发带（图 3-25）。以此为代表的设计简洁而质地柔软、活动方便的运动装进一步推动了女装的解放。

　　两次世界大战更加速了女性身体解放的进程，"把女性从束缚肉体的服饰的禁锢中解放出来，回归女性肉体的自然状态"的呼声日益高涨，解放女性身体作为女装现代化的一个组成部分，成为时代发展中不可逆转的潮流。尽管"二战"

图 3-25

著名的网球运动员苏珊娜·蓝利穿着帕图为其设计的网球服（引自 *20th Fashion*）

后的 1947 年曾经一度出现过紧身胸衣复辟的"新样式"，但那只不过是战后特别时期的一次紧身胸衣的回光返照，很快就消失了。在其后女装男性化的潮流中，再次出现了从胸到臀都是直线的筒形胸衣。1953 年，设计大师克里斯蒂·迪奥也致力于把紧身胸衣从女人身上去掉的女装设计。从此以后，紧身胸衣逐渐被具有整形效果的现代内衣——乳罩、腹带所彻底代替。

紧身胸衣在经历了几百年的发展演变之后，在 20 世纪终于被更加有利于人类身体健康的服饰——乳罩所取代。紧身胸衣的发展在法国女装发展史上具有举足轻重的作用。可以说，紧身胸衣的演变史浓缩了法国乃至西方女性服饰的发展历程。通过对紧身胸衣的扬弃，法国女性也从服饰的自我束缚走向了服饰的合理化、机能化和健康化。

20 世纪 60 年代，安德莱·克莱究所设计的几何形样式是在巴伦夏加那富有运动性的"袋子形"基础上，完全解放腰身，非常便于穿着的年轻化造型，他强调的是衣服表面几何形式的构成，如分割线、色彩拼接、镶滚边饰、缝纫线迹（明线）装饰以及腰带、扣子、口袋的配置等，而没有明显的省道。安德莱的设计具有解放女性身体的"未来主义"的美学思想，他先后设计了"宇宙未来面貌"和"未来高级时装"系列，通过短装、针织装和长裤等更加解放了女性。安德莱这种对传统的冲击、对禁区的突破以及设计理念上的革新等奠定了20世纪后半期女装设计的方向（图3-26）。

在法国女装从束缚到解放的过程中，人们发现乳罩是传统女装中最后的羁绊。为体现回归自然的思想，20世纪60年代的嬉皮士们在反体制、反传统的服饰追求中开始倡导放弃乳罩。此后，嬉皮士运动逐渐转变为绿色运动（Green Power），基于回归自然的思想，他们反对工业社会带来的公害现象，排斥人造纤维，只接受棉、毛、丝、麻、皮革等自然材料。他们否定工业社会的生产和生活，发扬尊重手工的思想，于是又生成复古的风潮。他们珍视并发掘19世纪前半期浪漫主义时代的服装以及旧工业社会时代的作品，但对那些束缚身体的衬裙、裙撑和紧身胸衣却敬而远之，以现代人的眼光寻求对于女性身体的解放是其主旨。

20世纪70年代以后，在法国女装样式、结构的发展过程中，放松女性的身体，使其回归自然状态，成为女装重要的审美追求之一。

如果说，把女性的身体从紧身胸衣的束缚中解放出来的是波阿莱和佛图尼的话，那么致力于把紧身胸衣的束缚从人们的头脑中去除掉的却是夏奈尔。夏奈尔

图 3-26

安德莱的女装设计

（引自 *20th Fashion*）

认为当时女性生活中真正的紧身胸衣是女人们的守旧思想，是她们的不独立，是她们在精神上和经济上依赖于男人的生活方式。因此，改变女性的思想观念和生活方式是夏奈尔女装设计的追求，她的女装不是为取悦于男性而设计，而是为实现女性的自由和自我价值而设计。她的这一思想在 20 世纪的法国女装设计中成为一种重要的指导思想，影响了诸多设计师和服饰潮流。

3.2.2 "女权主义"与女装男性化

女装男性化是与女权主义密切相连的。"Feminism 一词出现于 19 世纪 80 年代的法国，但是人们对它的含义界定十分广泛，对它的现象与思想渊源的历史界定也很复杂。"Feminine 指女性，其后缀 ism 被译成"主义"。20 世纪初中国借用日本的译法将其译成"女权主义"，"权"字是人们根据 Feminism 的政治主张和要求意译出来的；当时它的意译词还有"女子主义"、"女性主义"、"男女平等主义"，迄今只有"女权主义"和"女性主义"两个词仍被使用。但是我们可以发现，一般谈论西方早期的 Feminism 时，译为"女权主义"，翻译西方当代的 Feminism 及涉及中国时，Feminism 成了"女性主义"。其实无论怎么翻译，Feminism 都是研究性别和权力的学说，它"站在女人的立场为女人说话，向男性中心社会要求平等权利。"但是为什么会有这种差别呢？这与 Feminism 的历史进程和历史含义密切相关。

19 世纪后期，"女权主义"得到广泛应用，但是由于阶级、宗教等因素，女权主义者发生严重分歧。20 世纪早期，"女权主义"应用范围缩小。在欧洲，由于"女权主义"越来越多地被那些为妇女的发展而投身各类活动的妇女所使用，第二国际的社会主义妇女领袖称自己的解放事业为"社会主义"的事业，而对其他所有的一切均贴上"资产阶级女权主义"的标签；女性社会主义者做出如此界定并非基于对女人或对性别平等的不同主张，而是因为她们认为社会革命和经济结构的转变需要解放妇女。这种意识与我国 20 世纪的"妇女解放"运动是一致的。

"女权主义"在 20 世纪的发展对于女装的现代化，对于法国女装从"重装"向"轻装"的演变起了不可估量的作用。而两次世界大战对于"女权主义"的发展、传播也起了催化剂的作用。

发生在 20 世纪的两次世界大战迫使大量男性入伍参战，很多法国女性开始走出家门，分担了以前由男人们做的社会工作，从而彻底改变了女性传统的社会地位和生活方式。大战以后，由于许多年轻人在战争中阵亡，劳动力缺乏，而且一些女人已经发现了自己在社会中的价值，不再愿意回到以前的状态中，所以她们继续留在了社会工作的岗位上。她们由此在这个曾经是由男人完全控制的社会里找到了一些新的角色，并在不断地争取与男人同等的权利。同时期女装的样式、结构反映了当时的这种思想变化。下面列举女装男性化过程中的几个典型样式。

（1）"男童式"女装

1919 年，第一次世界大战刚刚结束，法国就出现了流行于整个 20 世纪 20 年代的基本外形——宽腰身的直筒形女装。这种女装样式的流行是有其深刻的历史背景的。20 世纪 20 年代是一个爵士乐盛行的时代，也是一个人们面对战后的破败和心理创伤而努力逃避现实的时代，人们在爵士乐的快节奏中发泄自己，并开始向沉闷而严肃的服饰传统挑战。

与此同时，女性解放运动迅速高涨，已经走出闺房的新女性们冲破传统道德规范的禁锢，开始大胆追求新的生活方式，要求和男性平等的地位。过去那丰胸、束腰、翘臀的强调女性曲线美的传统审美观念已无法适应时代的潮流，而被看作一种落后和保守的象征。经历了保罗·波阿莱的希腊风格，一旦从传统的束缚下解放出来，女性便走向另一个极端，即否定女性特征，向男性看齐。于是，乳房被有意压平，纤腰被放松，腰线的位置被下移到臀围线附近，丰满的臀部被束紧，变得细瘦小巧，人体曲线被弱化，裙子越来越短，整个外形呈一个名副其实的长"管子状"（Tubular Style）（图 3-27）。由于这种外形很像未成年的少年体形，所以被称作"男童式"（Boyish，男童似的，少年似的；或称 School Boy's Style，即男学生式）（图 3-28）。

其实，尽管这一时期的女装追求男性化，但是女性味仍然存在。腰线的降低，使女性味的中心集中于臀部，特别是女子走动时，自然的腰臀形态就会在衣服的扭摆中若隐若现，传达出一种含蓄的女性韵味。

"男童式"女装是女装从表现成熟、性感的女性气质向表现性感特征较弱的、性别模糊的少男少女气质的转变，这也是 20 世纪女装男性化的第一步。

图 3-27

20 世纪 20 年代的女装样式和结构（引自 *20th Fashion*）

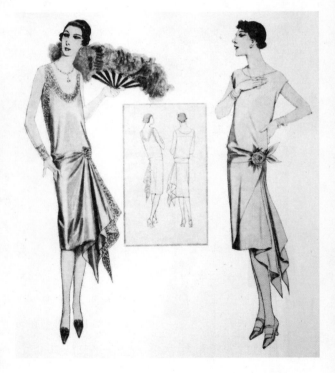

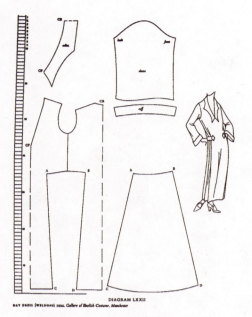

DAY DRESS (WELDONS) 1934. *Gallery of English Costume, Manchester*

DIAGRAM LXXII

（1）

（2）

图 3-28

图 3-28

20 世纪 20 年代的女装样式、结构 ［（1）图、（2）图、（3）图引自 *Pattern*，彩图引自 *20th Fashion*］

（3）

（2）"夏奈尔套装"

20 世纪 20 年代，最能充分理解和把握新的时代精神，指导现代女装发展方向的是可可·夏奈尔。夏奈尔认为男性对于女性的性的欣赏立场不应该成为女性服装设计的核心，女性自己的舒适和感受才应该是女装设计的中心。这是女装第一次从女性本身、而不是男性的角度来思考设计，是具有革命意义的突破。

夏奈尔第一个把当时男人用做内衣的毛针织物用在女装上，适时地推出了针织面料的男式女套装、长及腿肚子的裤装、平绒夹克以及长及踝的晚礼服等，直到现在仍名扬四海的"夏奈尔套装"的基本原型就产生于这个时代。夏奈尔套装是短上衣与长及脚踝的裙子的搭配，衣服的边缘采用绳边（图3-29）。夏奈尔套装没有取悦于男性的那种突出胸臀的造型，而是完全为女性自己设计的服装，充满了新女性的朝气与活力，从而获得了巨大的市场成功。夏奈尔所设计的女装，不仅从面料到样式是男性化的，而且在女装结构上也吸取了男装的裁剪技术，使女装更加轻便，从而把法国女装在"轻装"化发展的道路上向前大大推进了一步。

因为在当时女性的社会地位还没有得到完全承认，男性味的女性形象要面对传统势力的极大压力，所以人们把穿短裙、留短发的职业女子称作"假小子"（Garconne）（图3-30），夏奈尔本人就是一个"假小子"，而且她一生都在为职业女性设计服装。"夏奈尔套装"就是专为职业女性服务的，它不仅穿着舒适，而且表达了职业女性在社会上争取平等和追求民主的心声，受到职业女性的青睐，也使女装的样式和结构向更加富于机能性的男装靠近了。

（3）"军服式"女装

早在1915年，以哔叽布为材料、裁剪非常精细的军队制服式女装就开始流行。而在第一次世界大战后，军队制服的形制更大大改变了战前女装的样式。战前的女装一般是高领、短上衣、长裙子，而军队中的女装则是翻领，有插袋的长上衣，配褶裙，与男装有些接近。

第二次世界大战是使"军服式"流行的直接原因。20世纪20年代末、30年代初，世界性的经济危机和工人运动带来的政治危机使整个资本主义世界摇摇欲坠，但是法西斯主义却有了其生存的土壤并最终把世界拖进了第二次世界大战的深渊。1939~1945年，"二战"历时六年，战火蔓延至亚、非、欧三大洲，先后有61个国家、20亿人口（即当时占世界3/4以上的人口）被卷入战争的漩涡。

战前的1938年，裙子就开始缩短，女装开始强调和夸张肩部，向后来的"军服式"过渡。战争爆发后以及整个战争期间，随着女性不断参加战斗和参与社会生活，女装再度向机能化的男装靠拢，完全变成一种非常实用的男性味很强的现代装束，这就是"军服式"（Military Look，图3-31）。"军服式"的设计使整个女装有棱有角，轮廓分明。"二战"中英姿飒爽、活动便捷的"军服式"女装风靡全球，战争又一次促进了女装的"轻装"化进程。

（1）

图 3-29

20 世纪 20~30 年代的女性套装［（1）图为夏奈尔着套装照片，引自《20世纪设计》，（2）图、（3）图引自 *Fashion Illustration*］

（2）

（3）

1946年，战争中的"军服式"女装开始出现微妙的变化，腰身变细，上衣的下摆出现波浪，衣袋的设计受到重视。因腰被收细就更显得肩宽，所以战后的"军服式"又被称作"宽肩式"（Bold Look）。

　　（4）"中性化"服装

　　不分性别，即融合了传统意义上的两性特征，这在20世纪前几十年中一直存在于非主流文化中，处于社会发展的边缘，潜藏于不公开的酒吧及俱乐部中。但到了20世纪60年代晚期，它在国际范围内开始汇入主流文化。安迪·沃霍尔及其影视、艺术圈子里的人，如超级明星在《切尔西的姑娘们》和《垃圾》等影

（1）

图 3-30

图 3-30

（1）图是 20 世纪 20 年代的"假小子"形象（引自 *Fashion Illustration*），（2）图是 1929 年的女装样式（引自《20 世纪设计》）

JAEGER

Tailored Coat	Costume	Coat
R950	D105	P532
(Half lined)	(Coat lined)	(Half lined)
		Belt from side fastening with slide
West of England, Scotch & Yorkshire Tweeds	Fawn, Mauve, Grey, Brown, & Tan Tweeds	West of England, Scotch & Yorkshire Tweeds
Fawn, Brown, Mauve, & Grey		Fawn, Brown, Mauve, & Grey
94/6	79/6	63/-

14

（2）

（1）

（2）

（3）

图 3-31

图 3-31

"军服式"女装［（5）
图引自 *Vogue*，其他引自
20th Fashion］

（4）

（5）

片演出中，将异性装扮和性别不分变成潮流（图3-32）。许多摇滚乐歌星开始通过其装束及超前的化妆使人对性别的概念产生怀疑。

20世纪60年代，圣·洛朗认为女装设计的主要目的是要表现女性自然的美，他将通俗文化引入高级时装，使女装设计与街头文化和大众生活产生了密切的联系。以此为基础，圣·洛朗设计了中性服装（Unisex，单纯、中性的意思），他还将燕尾服引入女装，设计了女性裤装礼服，这些都进一步弱化了女装传统的审美标准。圣·洛朗的设计理念与夏奈尔有很大的相似之处，他们都是从各个方面为女装发展探索新的可能性，并且认为新的女装一定要舒适而且具有良好的机能性。因此，圣·洛朗也积极从男装中寻找合理的元素，并把它们运用到女装的设计中，推动了女装男性化的进程。

法国设计师让·保罗·戈尔齐埃在20世纪70年代将中性化服装进一步发展下去。他在设计上追求男女平等，打破男女服装上的差异，表达没有性别歧视的中性化原则（图3-33）。与他具有同样主张的还有乔治·阿玛尼，他所推崇的女西服套装成为现代职业女性热衷的着装之一，其主要原因不仅是服装的剪裁合体、做工精良，而且它使女性在现代社会生活中可以不去过多地顾虑性别因素，而更

（1）

（2）

图3-32

女装中性化、男性化
［（1）图引自 Fashion History，（2）图引自《20世纪设计》］

图 3-33

戈尔齐埃设计的作品（引自 *Jean Paul Gaultier*）

感到自信、舒适和愉悦。

（5）女子裤装

第一次世界大战使裤装进入女装，因为在当时，穿着裙子进行工作和参加体育活动都非常不方便，长裤便成了自然的选择。

从 20 世纪 20 年代起，女子体育运动蓬勃兴起，促使女装朝着简洁的机能主义的方向发展。夏奈尔不仅喜欢穿着其情人——威斯敏斯特公爵的马裤和粗呢射击夹克，而且也是第一个采用男装裁剪的女装设计师。她将从男装中学到的东西逐步运用于 20 世纪 20 年代的设计中，这包括英国男装的材料和裁剪方法。此时的女子运动装中也又一次流行起长裤、裙裤和短裤等裤装。到了 30 年代，裤套装被一些好莱坞著名影星如马林·迪特里斯、凯瑟琳·赫本、格里塔·嘉宝等所接受。这些女演员常常在影片中穿着大号的男士宽松长裤，将古老的男士服装演绎得更加具有女性的特质。她们在影片及媒体的照片中展现出了一种融合时髦和性感的形象。裤套装的新样式需要融合一些女性的特质，如加入裁剪讲究的适合女性的腰部省道，等等。美国电影明星的这些穿着裤装的形象也影响了法国主流社会对于女性穿着裤装的态度。

尽管如此，女性穿长裤在当时正式的社交场合还是不被接受的。1932 年，马歇尔·罗查斯用灰色法兰绒设计出女性裤套装，开了裤装在女子正式服装中使用的先河。1939 年，美国 *Vogue* 杂志第一次刊登了女性穿长裤的时髦照片。由于女性生活中游泳等体育运动的增多，裤装和凉鞋的搭配成为当时一种流行的装束，因此裤装也随之有所普及，但还基本只限于女性家居生活和体育运动等各种非正式场合。

20世纪50年代，牛仔裤随着避世派运动的蔓延在欧美各国普及，60年代又借着嬉皮士浪潮和学生运动进一步称霸全球，并成为女性服装样式中的一个重要组成部分（图3-34）。上层社会的女性开始关注裤装是在1963年春，安德莱·克莱究发表了白色蝉翼纱上有滚边和刺绣的夜用细筒裤，把裤装引入了高级时装领域。喇叭裤则是根植于年轻一代"两性平等"的思想，对于那些腿部造型不理想或难以适应迷你裙的妈妈族体型来说，正好是一种弥补，因此在20世纪70年代很快普及开来。

综上所述，由于男女性别的差异、社会性差异及传统观念的束缚，使近代法国在现代化进程中，男女两性服装仍表现出相当大的差距。男装早在18世纪末的法国大革命时期就开始脱离古典样式，在"第二帝政时代"即基本完成现代化形态。而女装直到19世纪末取掉"巴塞尔"才开始摆脱传统样式，真正开始现代化要到20世纪20年代，现代女装在法国的普及是在第二次世界大战以后，特别是借助20世纪60年代的"年轻风暴"的推动。在整个20世纪，随着女权主义思想的传播和女性解放运动的兴起，"男童式"女装、"夏奈尔套装"、"军服式"女装、"中性化"服装、"裤装"逐步演进，女装从传统的女性味向现代的女性味转变，即女装男性化的进程逐步深入了，男女平等的思想在服饰上有了更明确的体现，这使法国女装从"重装"向"轻装"的转变迈出了关键的一步。

（1）

图3-34

图 3-34

（1）图为 1943 年为战争工作的女性穿着工装裤，（2）图、（3）图为女子着不同风格裤装，（4）图为阿玛尼设计的男女裤装［（1）图、（4）图引自《20 世纪设计》；（2）图、（3）图引自 *A History of Fashion*］

（2）

（3）

（4）

3.2.3 "装饰艺术"与女装简洁化

从 20 世纪 20 年代开始，以电力为能源的服装工业生产开始逐渐普及，新一代缝纫机把女性从繁重的家庭缝纫工作中解放出来。从成本考虑，简洁且可以按照号型批量生产的成衣（成品服装）意味着更高的利润，也更能满足民主化过程中大多数女性的需要。同时，"装饰艺术"（Art Deco）出现了，这最初是 1925 年在巴黎举行的"现代装饰和工业艺术博览会"（Exhibition of Moderns and Industrial Arts）的简称，是源于"新艺术运动"和包豪斯对机能主义的追求而产生的一种艺术样式，在法国也被称为"1925 年样式"。它起自于 1910 年前后，其影响直至 20 世纪 30 年代。"装饰艺术运动"受毕加索的立体派、俄罗斯芭蕾舞、埃及艺术和包豪斯运动影响而形成，其特征是以直线设计来表现适应现代生活的简洁、朴素和机能性要素。其特点是直线的几何形造型，是以现代工业生产为背景表现出来的对机械化生产的积极态度。"装饰艺术运动"不仅表现在美术作品上，同时也影响到当时的建筑、纺织、服饰等所有领域。"装饰艺术运动"进一步推动了工业化的服装生产，追求简洁成为时代进步和文明的象征。以此为背景，"装饰艺术样式"（Art Deco Style）是 1910 年前后至 20 世纪 30 年代流行的直线造型样式。这包括 1908 年的"希腊风格"（高腰身造型）、1912 年裙长及踝、下摆狭窄的"霍布尔裙"（Hobble Skirt, Hobble 是"蹒跚地走路"的意思）、20 年代的"男童式"女装等。

20 世纪 20 年代也被称为"夏奈尔时代"，她对现代女装的形成起着不可估量的历史作用。夏奈尔服装设计的基本原则是通过控制服装比例和使用新的裁剪方式，使女性人体更具有吸引力，而不是通过暴露身体的手段。她认为现代服装在现代生活中应该具有广泛的适应性，而不是使人适应服装，更不应该使人成为复杂衣饰的奴隶，成为繁缛装饰的陪衬。夏奈尔追求的是使服装能够和人体相吻合，并能使着装者获得舒适、品位和魅力。因此，夏奈尔一生致力于为现代职业女性设计制作尽可能简练、朴素的服装，她果敢地把晚装那法定的拖地长裙缩短到与日装一样的长度，大胆地打破了传统的贵族气，尽可能使其造型朴素、单纯化。受英国男装的启发，她将传统与简单、时髦而又不拘束等要素综合在一起。她的女装摒弃了过去的束缚，把女性从过分装饰的造型中解脱出来，创造出现代女性的新形象，其精神一直保持到现在。1926 年，夏奈尔设计的"黑色小礼服"

（Little Black Dress）非常简洁、实用，具有时代的民主精神和功能主义的特色，被美国的 *Vogue* 杂志称为"时装中的福特汽车"，这也是 20 世纪最为成功的设计之一。在服装搭配上，夏奈尔第一个改变了长期以来把装饰品的经济价值作为审美价值的传统观念，教给人们如何用人造宝石来装饰自己，把人造宝石大众化，把它的装饰作用提到首位，使原来作为身份象征的珠宝首饰为纯粹的装饰物——假宝石所取代。夏奈尔的举措使女装更加简洁、便利而且廉价，以满足劳动阶层女性的需求（图 3-35）。

20 世纪 30 年代，除"装饰艺术"运动以外、"立体主义"运动和现代建筑美学等对于女装也有很大影响。立体主义强调的直线型、单纯、简洁的几何样式，法国建筑家勒·科布希耶的"新建筑"思想、"机械美学"原则，以及意大利"未

图 3-35

20 世纪上半叶简洁的女装样式（引自 *20th Fashion*）

来主义"运动对现代技术的推崇，都使以流线型为代表的新的机械造型成为新的审美标准。勒·科布希耶就曾经说过："房子是居住的机器，椅子是坐的机器，用机械的观点来看待我们未来的生活和社会，就是未来的审美。"〔39〕这种观点也影响到时装设计。女装作为一种"穿着的机器"，同样追求流线型的美感。例如，紧身连衣裙在20世纪20~30年代非常流行。它运用斜丝裁剪，其外形适身贴体，可以看到女性的身体曲线。由于使用了闪亮的缎子，使其更进一步强调了光滑的流线体形。紧身连衣裙如同现代主义的管状钢椅一样，成为时尚的代名词。这种时装既包含了极其简单的抽象艺术，又体现了形体的纯净，产生了一种代表先进技术的美感。玛德莱奴·威奥耐在这个领域的设计典雅而简洁，体现出当时的设计理念和高超的工艺技术，成为20世纪30年代女装简约样式的代表设计师（图3-36）。

从20世纪50年代中期开始，年轻消费层和成衣业变得举足轻重，应时代节奏巴伦夏加推出了前卫性的作品——"袋子形女装"（Sackdress），解放腰身，追求机能性。1958年春，许多设计师都推出了放松腰身的女装，女装继续朝着单纯化、秩序化、简洁化、朴素化的方向发展。

图 3-36

流线型的连衣裙（引自 20th Fashion）

1960 年春，圣·洛朗主张"只有极度单纯化才是明天的外形"，基邦希也认为"60 年代是一个朴素的时代"。当时的色彩充满朝气，桃红、杏黄、橄榄绿、葡萄紫、柠檬黄、草莓红等水果色及天蓝、可口可乐一样的咖啡色和白色十分流行，黑色几乎没有。与其相应的面料是绒圈织物、灯芯绒、粗花呢和手编针织物等轻软、蓬松的织物（图 3-37）。

女装的样式、结构在"轻装"的道路上继续向前发展。

3.2.4　"机能主义"与裙长的缩短

女装从"重装"向"轻装"转变的一个

图 3-37

20 世纪 60 年代简洁的女装样式［（1）图、（3）图引自 *20th Fashion*，（2）图引自《20 世纪设计》］

（1）

（2）

（3）

重要特征就是裙长的缩短。法国女装裙长的缩短不是一蹴而就的，而是经历了一个逐渐变化的过程。

20世纪初，随着波阿莱"希腊风格"的流行，女装在"S"形时代那个长长的拖裾被去掉了，衣长缩短到脚踝附近（图3-38）。

图3-38

衣长至脚踝的女装［（1）图引自 *Paquin*，（2）图、（3）图引自 *Fashon Illustration*，（4）图引自 *20th Fashion*］

1910 年前后，波阿莱发表的"霍布尔裙"为了步行方便，在收小的裙摆上做了一个深深的开衩，推出了穿长及膝的细长筒靴的样式，这是法国服装史上第一次在女裙上开衩，腿部的收紧与开衩使一直深深地隐藏在落地长裙里面的玉腿这时开始忽隐忽现，它进一步暗示着 20 世纪女装设计的表现重点将由过去的胸腰臀的表现向腿部转移。

20 世纪 20 年代初，"男童式"女装的造型进一步缩短了裙长，当时女装的裙长到达小腿附近，女性的腿被真正地显露了出来。

1927 年到 1928 年，裙长短缩到膝盖附近。裙长的短缩使女性秀丽的双腿大胆裸露，也使漂亮的长筒丝袜和鞋的设计十分引人注目，20 年代前半期流行黑色长筒袜，后半期流行肉色长筒袜。

但 1929 年爆发了大规模的经济危机，在 20 世纪 30 年代，随着大量公司和企业的破产，西方社会很多人失业，靠领政府的救济过日子，法国也是如此。女性开始重新回归家庭，传统的女性味也一度开始复苏。正如西方世界的一句俗话，"女人裙摆的高度是与社会的经济水平成正比的。"进入 20 世纪 30 年代，女性的裙子变长了，腰线回到自然位置，出现了细长的外形。如果说 20 世纪 20 年代是年轻人的时代的话，那么 20 世纪 30 年代则是成年人的时代，人们开始崇尚一种成熟、优雅的女性美（图 3-39）。

相应的，20 世纪 30 年代的晚礼服中出现了大胆裸露背部的样式，称作"裸背"（Bare Back），在背部那深深的 V 字形开口处，有时装饰着荷叶边。设计重点由 20 世纪 20 年代的腿部一度转移到了背部，裙长再次变长，这是一种向传统的回归。平常穿的男式女套装中的裙子也变得细长，为了便于行走，在裙子前面还打了一个很深的箱形普利兹褶。女装的颜色以黑色、藏蓝和灰色为主，棕色、绿色和粉色也时有出现。

20 世纪 40 至 50 年代，女装的裙长再次提升到膝盖附近（图 3-40）。

早在 20 世纪 50 年代末 60 年代初，"年轻样式"（Young Look）的领导者、英国年轻的设计师玛丽·克万特就以伦敦街头的年轻人为对象推出了富有革命性的"迷你装"（Mini, Minimum 的略称，意为最小限度或极小，Mini Skirt 通常译做超短裙），这种膝盖以上 4 英寸的超短裙，使 20 世纪 60 年代初的伦敦服装界

图 3-39

衣长至小腿的女装（引自 *Fashion Illustration*）

（1）

（2）

图 3-40

衣长至膝盖的女装[（1）图、（2）
图 引 自 *Fashion Illustration*，
（3）图、（4）图引自 *Fashion*
Photography 1960s]

（3）　　　　　　　　　　　　（4）

以年轻服饰领导了世界时装潮流。1965 年 1 月 31 日安德莱·克莱究发表了膝以
上 5cm 的"迷你裙"，使 20 世纪 60 年代后半期成了一个"迷你时代"，巴黎的
高级时装也随之继续向年轻化、轻便化、单纯化方向发展（图 3-41）。

安德莱·克莱究从一开始就把设计方针定为表现"长腿的现代女郎"，为了

图 3-41

衣长至大腿的女装（引
自 *1960s' Fashion*）

使腿显得更加修长，他不断地缩短裙长，并尝试改变服装整体形态的比例和均衡感，"迷你裙"是他探索最终的结论。1964年春，他为强调运动性和机能性，发表了露出膝盖的女装，引起媒体的关注。1965年春，他推出两大样式："迷你裙"和"几何形"。他的"迷你裙"把裙长缩短到膝上5cm，勇敢地在高级时装领域向传统禁忌挑战。他不仅从下向上缩短裙长，而且从上向下降低腰线位置，以经过严密计算的崭新比例关系和卓越的裁剪技术构成一种全新的美感。人们把他的"迷你裙"与克万特的做了比较，发现两者的不同在于克万特的"迷你裙"反映的是"大众化的街头风景"，而克莱究的"迷你裙"则"含有历史性和哲学性的反思"。

"迷你裙的流行使长筒袜和长筒靴成了追求新的服装比例的重要因素，长筒袜的材质和色彩根据与衣服的搭配关系而丰富起来，蕾丝的、织花的、印花的、鲜艳单色的……长筒靴也有长及小腿肚、长及膝下、长及膝上和长及大腿的各种长度"（图3-42）。"还有便于活动的低跟鞋和斜着系挂在胯骨上的宽皮带，以及锁链等服饰品也随之流行起来。"

裙长的缩短产生两个方面的结果：其一是使女性的身体更加暴露，其二是使女性的活动更加自如。如果说第一点是20世纪60年代追求性解放的反映的话，那么第二点则是女装"轻装"化进程的必然结果（图3-43）。

在20世纪60年代的法国，传统的文化形态、价值观念、思想意识、乃至在时装上对于优雅的追求都受到强烈的冲击，整个社会的思维方式有很大的变化。经历了两次大战的人们由于生活节奏的加快和生活方式的改变，在服装上越来越

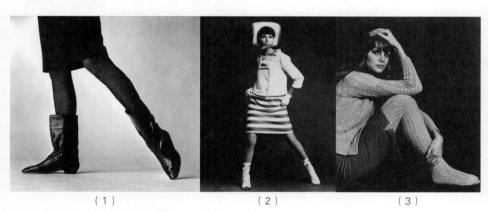

（1） （2） （3）

图 3-42

随着衣长缩短而出现的靴子和长筒袜［（1）图引自 *20th Fashion*，（2）图、（3）图引自 *Fashion Photography 1960s*］

图 3-43

20 世纪初到 20 世纪 70 年代裙长的变化（引自《西洋服装史》）

强调合理性和机能性。"机能性强本身就是一种美"，这种崭新的美学观念随着现代生活的展开越来越深入人心。

3.2.5 "型的时代"与结构的探索

20 世纪法国女装通过一大批优秀的服装设计师的努力，在造型上进行了广泛而深入的探索，产生了国际化的影响。其中有世纪初波阿莱设计的融合希腊、罗马、俄罗斯芭蕾舞和东方风格的解放女性腰身的女装，有 20 年代夏奈尔设计的弱化性别区分的男性化的女装，也有 30 年代以造型和结构而著称的威奥耐夫人使用简单的三角形和长方形等几何形设计的优美典雅的女装。

　　设计师威奥耐夫人被视为现代设计的代表，她的最大贡献是创造了"斜裁"（即裁片的中心线与布料的经纱方向呈 45° 夹角的裁剪法）这种史无前例的裁剪技术，利用面料的斜丝裁出十分柔和的适合女性体型的女装，强调动感之美，悬垂的衣襞、波浪，套在脖子上的三角背心式晚礼服，前后开得很深的袒胸露背式晚礼服，尖底摆的手帕式裙子，装饰艺术风格的刺绣等都独具匠心。她用中国双绉来制作晚礼服，以追求柔软和悬垂的效果；为了综合考虑人体、衣料和图案等各方面的关系，她运用"斜裁技术"把面料直接披于人台之上进行设计和裁剪，使设计造型得到直观的展示。她设计的衣服紧身贴体，前后都没有开口，也没有任何钩扣，利用面料斜丝的伸缩性和适体的裁剪技术使之穿脱自如。她还利用面料的悬垂感和自然皱褶创造出丰富的变化。这种"斜裁技术"大大丰富了服装的裁剪方式，一直为后世的设计师所借鉴。她创作时从来不画设计图，而是直接运用各种质感的、各种性能的纤维材料在立体模型上造型。为了便于"斜裁"，她第一个定织了双幅宽的绉绸。活跃在 20 世纪 40 年代以前的这些法国设计师不仅在女装造型上，而且也在女装结构上进行了大胆的探索（图 3–44）。

　　20 世纪 40 年代的"军服式"流行过后，1947 年，克里斯蒂·迪奥以"新样式"[40]（New Look，也叫 Corolla Line，花冠形，因其外形酷似"8"字，故也称作"8 字形"）脱颖而出。这种"新样式"其实是一种复古的样式，是 16 世纪以来西欧女装中反复出现的强调女性曲线美的基本样式的现代版本。面对战后的破败局面，已经饱受战争摧残的人们渴望和平，希望回归战前的美好生活。在这种情况下，迪奥适时地推出了象征美好生活的服装造型——"新样式"，来回应人们的需求。迪奥的设计综合了当时社会的审美感觉及时尚追求：圆润平缓的自然肩线，用乳罩整理得高挺的丰胸连接着束细的纤腰，用衬裙撑起来的宽摆大长裙长过小腿肚，离地 20cm，脚上是跟很细的高跟鞋，整个外形女性味十足，十分优雅（图 3–45）。但当时大家的心态仍是朴素节俭的，这是个人需要可以牺牲的年代。欧洲的大片土地仍处于荒芜状态，重建工作在缓慢地进行着，令人沮丧。许多人

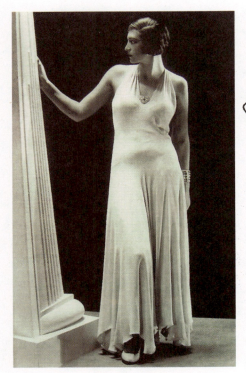

图 3-44

威奥耐夫人的设计
（引自 *20th Fashion*）

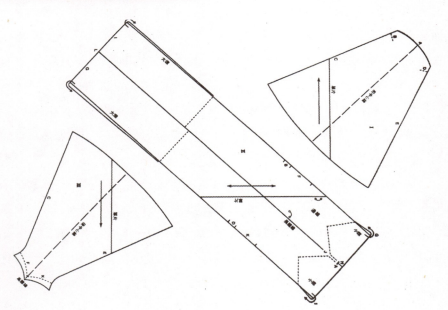

（1）

（2）

图 3-45

迪奥和他的"新样式"女装结构图［（1）图、（3）图引自 *A History of Fashion*，（2）图引自 *20th Design*］

（3）

认为在这样一个时期迪奥推出"新样式"并不合时宜。因此女性穿着他设计的这种奢华的时装走在大街上就受到了攻击，被认为是"浪费"和"不爱国"。尽管如此，迪奥的作品还是极大地冲击了人们的视觉：经过战争的洗礼，女人们需要找回女性的感觉，宣告和平的到来。迪奥的作品通过各种媒介向全世界传播，迪奥因此一举成名，巴黎的高级时装业也借机重新树起威信，迎来了 20 世纪 50 年代支配国际流行的第二个鼎盛期。

从 20 世纪 40 年代末到 50 年代初，"新样式"这种强调腰身的女性味造型一直十分流行。以此为开端，1948 年春，迪奥发表了"Z"形造型款，这是在新样式"8字形"的基础上，在夹克的腰褶上加装饰，或在裙子上重叠双层的围裙褶饰、追求不对称、不均等的效果。1948 年秋，迪奥又推出"翼形"（Wing Line），仍是以收腰的"8字形"为基础，以不对称的领口装饰和腰带来强调翼形，或是以翘起的下摆来突出翼形感觉。"8字形"那外张的长裙到 1948 年达到顶点，流行开始朝着相反的方向回归。这年秋，克里斯托巴尔·巴伦夏加推出了"镶嵌裙"（Paneled Skirt），即在紧身裙上重叠一块或几块同料（或别色料）的装饰布（或罩裙），一边保留着外张的量感，另一边又把裙子向内收的紧身形方向推移。迪奥在 1949 年春也采用了同样的方法，他一方面把裙长稍向上缩短一些，另一方面在紧身裙上罩上"镶嵌裙"，形成一种复杂而流动的美，他称这种样式为"逼真画"（Trompe Loeil，即外观与实际是两回事，用假象来追求逼真的外观效果）。

到 1950 年春，裙子外形彻底发生变化，直线外形出现。迪奥称自己的作品为"垂直线形"（Vanical Line）。1951 年春，迪奥又推出"椭圆形"（Oval Line），腰身被放松，设计的重点在袖子上。1953 年春，迪奥发表了"郁金香形"（Tulip Line）。

这年秋季的发表会上，迪奥推出了"爱菲尔塔形"（Tour Eiffel Line）和"圆屋顶形"（Coupole Line），前者是晚礼服，后者是郁金香形那种圆形轮廓的大衣。1954 年秋，迪奥推出了不束腰、不突出胸和臀的直线外形——"H"形（H Line）。接着，他又于 1955 年推出"A"形和"Y"形，1956 年推出"箭形"（Arrow Line）和"磁石形"（Magnet Line），1957 年发表了"自由形"（Liberty Line）和"纺锤形"（Spindle Line）（图 3-46）。迪奥在女装造型方面的探索为法国

（1）

图 3-46

（2）

（3）

图 3-46

从重装到轻装——近现代中法女装样式结构比较

（4）

（5）

图 3-46

迪奥时代的各种
女装样式（引自 *A History of Fashion*）

女装的发展做出了卓越的贡献。

　　这个时期另外一位产生深远影响的设计师是巴伦夏加，他以高超的服装裁剪技术为基础，创造了许多既重视整体造型，又具有革新性结构的女装。巴伦夏加与追求表现女性味外形的迪奥不同，他致力于推行简洁、单纯、朴素的女装造型，对应于社会生活的简便化，他在方便活动，解放女性腰身上做文章，开拓了运动型女装。从当时的观点看，他的设计中有一种东方风格的美学特点，是非常前卫的作品。与迪奥那强调腰身和富有量感的裙子组合的造型意念不同，巴伦夏加一直在追求放宽肩部，解放腰身，臀部周围也柔和地留有一定空间的宽松式设计，与迪奥共同之处在于他们都推翻了紧贴肉体的设计，致力于创造独特、均衡的完美外形，但迪奥为了完成造型，常常不择手段地对衣服内部结构进行各种衬垫处理，改良19世纪的"克里诺林"裙撑，而技术高超的巴伦夏加却创造出了全新的裁剪技术。

　　皮尔·巴尔曼与不断改变设计风格的迪奥和技术权威巴伦夏加不同，他一直坚守自己的信条和设计原则，追求高雅的女性形象的塑造。他认为"要坚持服装的基本原则，这样才能经常与时代的趋势相调和，更何况坚守基本原则就不会糟蹋自己，更不会损及优雅。"他所说的基本原则就是均衡和节度。

　　这个时期另一位杰出的设计师是杰克·法特，与其他设计师的直线风格不同，他追求曲线风格，对色彩也非常敏感，是第一位将天蓝色和草绿色这些高纯度的色彩组合成年轻色调的设计师。战后，他开发出近似银色的紫、偏灰的玫瑰红以及祖母绿、蓝宝石、红宝石的宝石色等，充满浪漫主义气息。1948年，他第一个与美国的大成衣商约瑟夫·哈尔帕特签合同，为其提供设计，他把同一款式分成许多号型进行大量生产，倾销全美国，获得成功，在以手工制作为主的巴黎高级时装界打开了成衣生产的先河，可说是20世纪60年代高级成衣业的先驱。

　　此外，被誉为"布料的雕刻家"的葛莱夫人、以高雅著称于世的尼娜·莉奇、希腊人简·戴塞、被誉为时装界的"神童"的尤贝尔·德·基邦希、1949年另立门户的皮尔·卡丹、被誉为"迪奥二世"的伊夫·圣·洛朗等也都活跃于这个时代，以各自的方式探索着女装的新样式和新结构（图3-47）。

Slender dinner dress
with vast side panel;
from Dior

Straight skirt
but flying panels over;
from Dior

（1）

图 3-47

（2）

（3）

图 3-47

20 世纪中叶的各种女装样式（引自 *20th Fashion*）

在 1947~1957 年间，以迪奥为首的一批法国时装设计师一直在追求着服装外形和结构的变化，每个季节都以别出心裁的独特外形吸引着全世界的时髦女性，这十年也被称为"字母形时代"。迪奥等人在女装造型方面的探索，大大丰富和发展了女装设计，为后来女装样式、结构的创新和变化奠定了坚实的基础，是法国女装从"重装"向"轻装"演变的关键环节。

3.2.6 "异质文化"与造型多样化

20 世纪初法国女装的另一个显著倾向是接受东方等异域文化和服饰风格的影响。相对于欧洲来说，东方国家主要是指阿拉伯、土耳其、前苏联、中国、印度和日本等。东方服装造型的简洁流畅、宽松飘逸，使刚从非自然的人工美的束缚中解放出来的法国女性倍感新鲜。以波阿莱为代表的一批设计师先后发表了具有强烈东方趣味的作品，这些样式线条自然、结构简洁，尤其是连袖式、长而宽松

图 3–48

受东方风格影响的女装设计［（1）图引自 *20th Fashion*，（2）图、（3）图引自 *Fashion in Details*］

（1）　　　　　　（2）　　　　　　（3）

的直线条裙子和开衩都被不同程度地应用在当时的设计中（图3–48）。1910年前后，波阿莱借鉴日本和服下摆的紧瘦样式，发表了宽松腰身、膝部以下收窄、致使女人们举步维艰的"霍布尔裙"。这是一种使法国女性更具东方女性味道的设计，虽然引起了各种议论，但这种全新的样式在1910~1914年风靡巴黎。

20世纪30年代威奥耐夫人的设计风格受装饰艺术运动和东方艺术影响很大，其服装的裁片结构大多呈直线型，但制作出来的女装造型却有很强的立体感，她也因此被看作是20世纪东西方文化在服装上融合的典范（图3–49）。威奥耐所设计的晚礼服，其造型大多纤细修长，袒胸露背。为了达到随体的效果，女装造型在腰臀处收紧，然后面料倾泻而下，形成优美的波浪，成为一种新的样式。

20世纪40~50年代是以迪奥为代表的法国"高级女装"发展的黄金时期。20世纪50年代末，法国进入中产阶级社会，第三世界的殖民地解放运动和世界科技的飞速发展，大大加速了人类文明的进程。在经济飞速增长的20世纪60年代，全世界出现了一场规模空前的"年轻风暴"。年轻人努力寻求另类的生活方式和态度，追求精神至上，反映在广为传播的毒品尝试、对宗教及东方文化的认同以及着装和形象上。其他民族的服饰风格成为法国的时尚而被进一步融合，个性化也得到进一步加强，一种离奇的、折衷的混合方式成为新的流行。

图 3-49

威奥耐等人的设计（引自 *Fashion in Details*）

与"嬉皮士"运动并行的是大学校园里愈演愈烈的反传统反体制运动。1968年法国的"五月革命"发展成学生与青年工人的大规模运动，成为风靡全球的"年轻风暴"的一部分，它使 20 世纪 60 年代的法国社会极不安宁，强制性地改变着人们的世界观、价值观和审美观，从而扭转了 20 世纪后半叶法国女装流行的方向和模式，给为贵夫人服务的"高级时装业"以致命的打击，而使"高级成衣业"趁机崛起，时装产业明显地走上了成衣化的道路，人们的服饰朝着更加丰富多样化方向迈进。

20 世纪 70 年代，随着世界政治风云的变幻和欧美经济的起伏，消费者自我意识的强调，法国高级成衣业及各国成衣业迅速发展并繁荣起来，高级时装业则难以维持生计。为了挽救濒临绝路的高级时装业，为保持巴黎在世界时装中的领导地位，巴黎时装界和法国政府采取了一系列挽救措施，其中就包括采取对外开放政策，不分国籍，不分民族，为所有的设计师创造施展才华、平等竞争的环境，吸引全世界有才华的设计师到巴黎来展开自己的事业，使活跃于这个时装之都的设计师群体的构成是国际性的，设计文化自然也是混合型和开放型的。

1973 年 10 月，阿拉伯国家与以色列之间爆发第四次中东战争，阿拉伯各产油国采取削减石油生产，抬高石油价格的战略方针，给整个世界经济造成巨大的冲击。石油冲击把世人的目光集中于中东地区，而产油国因销售石油而获得了大量财富，又使巴黎高级时装店的阿拉伯顾客迅速增加，这一切都引起法国设计师们对阿拉伯地区的兴趣。于是，女装中出现了许多来自东方异国情调的宽松样式。以此为契机，高田贤三、三宅一生这两位来自东方的设计师登上了世界时装的舞台。他们不强调合体和女性曲线，宽松肥大的非构筑式设计与西方传统的构筑式窄衣结构截然不同。在反体制思潮和石油冲击的大背景下，为世人提供了一种新的选择。这是东西方服饰文化的又一次碰撞和交融，推动了法国服饰文化再度朝着东、西混合的国际化方向发展。

高田贤三以一个东方人特有的观察和表现方式，把欧洲、非洲、中国、日本等完全异质的文化巧妙地融为一体。和服式的直线造型，活泼的"气球"样式，肥肥大大的睡袍样式，东方情调的棉布，日本浴衣的衣料，和服的印花面料以及和服的腰带、外褂的用料，还有从巴黎的跳蚤市场购入的廉价面料等形成了他与众不同的设计风格。三宅一生的设计，最与众不同的是在身体与衣服之间所保留的空间。他的设计利用平面的直线裁剪制作而成，可配合穿着者的喜好和体型，是一种可以自由穿着的构造。他们适时地为正在扬弃和否定自己传统的法国年轻消费层提供了一种全新的选择，成为 20 世纪 70~80 年代的一种流行（图 3-50）。

20 世纪 70 年代后期，设计师们不再像过去那样不约而同地朝着一个方向努力，而是各自强调和突出自己的主张，流行完全多样化了，消费者自由地选择，自由地穿用即是新的潮流。超短裙、长裙；宽松式、紧身形；男性化女装、中性味的女装、女性味很强的淑女装；非构筑性的直线风格、构筑式造型的曲线风格等同时并存。

进入 20 世纪 80 年代，在敏感地反映着社会思潮的时装设计中，"生态"（Ecology）是一个重要的主题，对这一主题的表现有两种方式：其一是"保持大自然原味"的返朴归真倾向；其二，伴随着生态保护意识同时出现的是人类对资源的珍视，一种新的节俭意识兴起，从旧物的再利用到故意做旧处理的后加工，从暴露衣服的内部结构到有意撕裂，做出破洞，"贫穷主义"成为一种新的前卫派设计的象征。两位来自日本的设计师——川久保玲和山本耀司率先揭示了这一

图 3-50

高田贤三的设计

（引自 *20th Fashion*）

主题，影响了后来的许多设计师。他们又一次对既成观念挑战，以黑色为基调，推出了令世人瞠目的"破烂式"和"乞丐装"，这是对所有既成样式的毁灭和破坏，是人类生存方式的一种新的思考。川久保玲把一些完全异质的东西组合在一起，极薄的乔其纱和毛毯，粗花呢或毛衣的一部分拼接起来，运动型的日装和优雅的晚装，泥土味浓郁的民族服装与洋味十足的摩登样式等，她从各种对立要素那里寻求组合的可能性（图 3-51）。山本耀司那既非西方也非东方的独特风格与川久保玲很类似。

　　与此同时的流行还出现两大倾向：其一，以再次出现的"超短裙"来表现 20 世纪 80 年代的女性魅力，追求新的性感；其二，以现代印刷美术风格和各种前卫派设计来表现未来的"抽象主义"风格。不过上述倾向的真正展开还是在 20 世纪 90 年代，80 年代的整个流行仍是多样化的复古倾向。富裕的生活带来的大量消费使人们对巴洛克、洛可可风格很感兴趣，而这种对传统的重新认识又使许多人非

图 3-51

川久保玲的设计（引自
Comme des Garcons）

常崇拜名牌，于是，兴起一股"名牌热"潮流。设计师们不断推出风格各异的作品，以强烈的视觉冲击力在纷繁多彩的社会中寻找自己的位置。与迷信名牌的倾向相反，许多年轻的消费者在强烈的自我表现欲驱使下，完全不顾品牌，只凭直觉和喜好来装扮自己，而不在乎别人是否看得惯——传统型与前卫型同时并存。

　　20世纪80年代末，东欧的社会主义国家相继发生动乱，苏联解体；海湾局势剑拔弩张；股票市场起伏不定；世界政局动荡不安。这与动荡的60年代在形势上有许多相似之处，时装也十分敏感地反映着这一历史巨变。1990年出现了一股60年代样式复兴的潮流：波普艺术，欧普艺术，宇宙服风格，超短裙，极短裤，连体工装裤，薄、透、露的性感表现，金属片和金属链做的女装，塑料女装，印刷美术一样的现代丝网印花技术，表现生态主题的原始风格，自然纤维织物、自然色、自然花纹的流行等60年代风格都以新的形式纷纷涌现，内衣的外衣化和无内衣化现象愈演愈烈。圣·洛朗发表了裸露一个乳房的设计作品，使人联想起他1968年的透明女装；设计师里法特·奥兹贝克那充满年轻朝气的一色白的发布会，也让人觉得像原来的安德莱·克莱究；川久保玲推出的少女形象，闪烁着放浪不羁的青春色彩；前卫派设计师维维恩·吾埃斯特吾德在1990年秋冬季推出了东欧风格的作品，表现18、19世纪奥匈帝国的特点，如图3-52。

　　20世纪末也是后现代主义风格的女装在法国流行的时期，后现代主义思潮表现出对现代工业文明的反思和批判，与现代主义观念具有显著差异。后现代主义

（1）

（2）

图 3-52

（3）

（4）

（5）

（6）

（7）

图 3-52

（1）图、（2）图为加里阿诺的设计（引自 *John Galliano*），（3）图、（4）图是维维恩的设计（引自 *Vivienne Westwood*），（5）图、（6）图是高科技设计，（7）图是麦克奎恩的设计（引自 *Fashion at the Edge*）

风格的女装与现代主义风格的女装在样式、结构上也表现出截然不同的审美取向。

3.3 "轻装"化的异与同

虽然都是从"重装"走向"轻装"，但由于政治、经济、军事等诸多因素的影响，中法两国女装在现代的发展也呈现出各具特色的途径和过程。

20世纪的中国在推翻数千年封建统治的同时，在服装文化上出现了反传统、否定传统、批判地继承和发扬传统文化的现象。其最明显的表现是向西方学习，引进西方文化。中国女装样式、结构的发展也是一个不断西化的过程。传统的服饰文化在反封建的主导思想下被扬弃；西方服饰文化不断渗透并成为引导中国女装发展的主流思潮。当然，这种状态的出现不是偶然的，它是与中国当时的社会大背景密不可分的。其发展过程分为被动接受和主动引进两个阶段。

被动接受：从1840年到"五四"运动之前，西方列强的坚船利炮打开了中国的大门，西方的思想伴随着大量廉价的洋布、西方服装样式涌进中国。丧权辱国的中国不得不接受西方服饰文化的巨大冲击，并在被动中将西方的一些观念和样式融入中国的社会生活中。

主动引进：从洋务运动"中学为体，西学为用"主张的提出，到1919年"五四"运动的思想启蒙，当时一些先进的中国人已经意识到，只有学习西方，才会更快地发展强大。到20世纪20~40年代，中国的女装样式、结构也随之开始主动地学习西方。西方胸、腰、臀三位一体的造型观念逐渐得到认可。发生于20世纪上半叶的抗日战争和解放战争，一方面大大限制了中国女装的发展，另一方面也使中国女装的机能性和简约化受到重视。传统的繁缛装饰已不能适应时代的需要，西方现代女装优越的机能性成为当时中国人学习的现成榜样。这几十年对中国现代女装的发展具有深远影响。

新中国成立以后，由于冷战的影响，中国与西方世界的交流几乎断绝。在1978年改革开放以后，中国女装再次受到以西方世界为代表的国际时尚潮流的影响，中西方的交流日益加强，中国女装在样式、结构上又有了更多的探索和尝试。总而言之，中国现代女装主要是以学习西方女装的样式、结构为主，其探索的广度和深度是远远不够的。

同时代的法国，情况迥然不同。20世纪法国女装样式、结构的发展是在继承传统的基础上，不断借助于古代希腊、古代埃及、美洲土著和东方各民族等不同服饰文化体系的外力，对自身加以补充，创造出新的现代服饰文化。这一时期的法国服饰文化已经不再是一个单纯的西欧地域性文化，而是融合了世界各民族服饰风格的新的文化体系。在这个文化体系中，法国高级女装的地位是非常特殊的，它作为新时尚的源头和代表，在相当长的时期内，充分体现了法国女装发展的最高水平。法国女装在一大批来自于不同国家的设计师的主导下，从各个方面对于样式、结构进行了探索，取得了丰硕的成果，大大推进了法国现代女装的发展，深刻地影响了世界女装的面貌。

3.3.1 从束缚走向解放

女性解放运动、女子教育、女子体育运动的兴起，以及发生在20世纪的两次世界大战的影响，现代女性追求解放，争取独立，参与社会生活的努力一浪高过一浪，她们纷纷从家庭走进社会，并在社会中找到了新的角色，她们不再是依赖于男人生活的传统女性，而是有了独立的经济收入，能够按照自己的意愿选择生活方式的新女性。伴随着女性社会地位的转变，整个社会结构也发生着巨大的变化。这种变化又是进一步促进女性思想、女性文化、女性服饰变化和发展的基础和背景。无论是男性还是女性都必须采用一种新的眼光来审视女性在社会中的地位和形象。日益彰显的男女平权思想也必然要求现代女性摆脱传统服饰的束缚，使女装向更加富有机能性的男装靠拢，从传统的女性味逐渐向中性化、男性化演变，这意味着女性着装不再是仅仅为了取悦于男性，而开始注重女性自身的感受。当20世纪由于军事、经济、文化和科学的发展将东西方日益拉近的时候，当东西方服饰文化日益交融、相互促进的时候，当人类文明已经发展到不约而同地开始重视自身的生存与健康的时候，中国和法国的女性不约而同地抛弃了摧残和束缚女性身体的"三寸金莲"和"紧身胸衣"，向着更加解放人体、尊重人体，更加有利于身心健康、有利于人类生活的方向发展演变。

从束缚到解放是女装从"重装"到"轻装"演变的第一步，也是女装实现现代化的必要条件。从某种意义上讲，从"重装"到"轻装"作为女装现代化历程的一部分，就是人类对美的观念发生转变的历程；就是人类对包括自身在内的自然规律日益认识和尊重的历程。这种历程甚至直到今天还远远没有结束，随着现代社会的发展，人们在大工业文明与现代都市的困惑中，愈发认识到了解自然，尊重自然，使人类思维与自然规律协调统一的重要性。随着环保意识深入人心，人们逐渐从重视外界的环保，深化到对自我身心生态的保护。女性较以往更加重视自我的情感、思想和社会生活的权利，并将这种观念通过服装传达出来。这也从另一个方面使人们愈来愈强调服饰的机能性，舒适性，重视服装对于自然肉体和个人精神的尊重。

所有这些都是"紧身胸衣"和"三寸金莲"在近现代从兴盛走向转型或消亡的重要原因，也是女装从束缚走向解放的原因。

3.3.2 从繁缛走向简洁

过去，复杂繁琐的装饰是为少数上层社会的女性服务的，服装的制作要耗费大量的人力、物力，不能形成大批量的生产，也不能为广大的女性提供廉价的服装，繁缛的装饰成为划分阶级和阶层的标志。但这种状况已经无法适应 20 世纪的现实社会。

首先，缝纫机等技术手段的进步既为批量生产提供了条件，也要求服装的样式尽可能的简洁，以适应机械化的工业生产需要；其次，快节奏的现代生活使大部分女性没有足够的时间去适应繁缛的服饰，女性参加社会生活，工作中需要便利的女装，因此简洁的服饰成为现代女性的必然选择；第三，社会的民主化程度比以往更高了，繁缛的服饰不仅需要有钱，而且需要有闲，甚至需要有人专门为穿衣服务。但随着民主化的进程，像以往那种既有钱又有闲的贵族阶层减少了，大部分女性需要价格较为低廉而又便于穿着的女装。简洁的服装因为减少了工序，所以便于大批量的工业生产，能够为更多的女性提供价格低廉的服装。它适应了社会民主化进程和现代社会生活方式的需求，增强了女装的机能性，有益于女性的身体健康，因此它所表现出的一种新时代的美感被人们所广泛接受。

从繁缛走向简洁的趋势，是 20 世纪中法女装从"重装"走向"轻装"的关键一环。

现代中法女装在衣长上都有明显的由长变短的过程。在中法历史上，无论是受到封建礼教思想的束缚，还是受到基督教思想的影响，加上穿着习惯的原因，女装都是不能显露腿部皮肤的。长长的衣裾对于女装的机能性造成了很大的障碍，使得女性无法适应现代社会生活的需要。

在女性解放思想的影响之下，对应于现代快节奏的社会生活，中法两国的女装开始纷纷缩短裙长，从有长长的拖裾、到缩短至脚踝，再到缩短至小腿，缩短至膝盖，最后是缩短到大腿，甚至出现了惊世骇俗的超短裙。女性的裙长一步步缩短，给了女装样式、结构更丰富的变化，也为现代女性的生活增加了更多的选择，同样是从繁缛走向简洁的一种表现。

3.3.3 女装的男性化现象

女装男性化是伴随着女性主义运动而发展的，20世纪的中国女性和法国女性都在为自己的权利而斗争，这种思想和追求在当时的中法女装的样式、结构中都有明确的表现。

尽管二者在女性解放的内容和程度上有所不同，但是我们还是可以发现：中国的旗袍在20世纪的普及最初就是为了与男子所穿的长袍一致，而后来的"上褂下裤"也在形制上愈发地接近男性服装。与此同时，法国女装更是不遗余力地追求男装的样式、结构，从"男童式"女装、"夏奈尔套装"，到"军服式"女装、20世纪80年代的"夸肩式"女装都是如此。女装男性化的趋势促进了女装机能性的发展，弱化了男女间的性别差，推进了社会的民主化进程。

然而，封建礼教作为中国社会道德的旧有基础，其惯性毕竟是强大的。社会机制为了维持运行，必然会动用那些认同旧道德的社会舆论以及更加严厉的强制措施，来抑制甚至无情地封杀一切叛逆旧道德的社会行为。漫长的封建社会所造成的意识形态以各种形式对女性进行道德评价，从而构造出合乎旧礼教的女性，以维护封建的男性统治。在这种环境中，封建秩序深入广大女性的思想内核，成为她们建构自身价值观的基础，她们不得不以既定的视角来审视自身的行为，因而新女性在自我解放的进程中，必然会遭遇种种困境。

随着西方思想和文化的发展及传播，一种新的男性统治欲望已经借助商品经济机制来建构某种使女性自愿驯从的价值体系。在商品经济机制下，社会分工及职业竞争仍然普遍有利于男性，这从政治、经济上限制了新女性获得独立地位的可能性。她们唯一真正获得的几乎只有选择丈夫的权利，即选择隶属某个男子的权利。男性优越性的等级残余牢固地控制着社会消费的思维模式。难怪林语堂在《婚姻与职业》一文中说："现在的经济制度，你们都明白，是两性极不平等的。……唯一没有男子竞争的职业，就是婚姻。在婚姻内，女子处处占了便宜。这是现行的经济制度。出嫁是女子最好、最相宜、最称心的职业。"

这样，新女性的命运仍然为男性所支配，新的男性社会对女性的角色规定，使得女性不得不接受社会为其设定的价值标准，心甘情愿地把自身塑造成合乎角色规定的女性形象。于是，新的男性社会创造了美丽的女人，女性通过各种服饰来塑造符合男性审美标准的"美人"。表面看来，女性拥有了自主的地位，她们有自由把自己修饰得楚楚动人。然而，女性对自身的塑造仍是为了在男性世界享有一定的地位。

类似的情况发生在中国和法国社会中，在男性支配女性、女性取悦男性的社会结构里，男性的绝对统治和女性的屈从地位被强化，使女性成为男性欲望的服从者。这种新男权主义在鼓励妇女解放的同时，也制造了女性形象的总体性标准。性别的不平等对女性服饰的影响，实质上反映了社会文化对女性服饰的构造过程，这种不平等的关系直至今天也没有结束。

3.3.4 服饰的多样化状态

20世纪中法女装样式、结构的发展还有一个共同的特征，那就是学习和借鉴成为服装文化发展的主流。具体表现为：20世纪，无论中国还是法国，都是一个不断反传统、不断引进异质文化的过程。在这个世纪里，中法两国都在反思自己的传统文化，并努力创造新的文化。随着殖民战争，中法两国的隔绝状态逐渐解体，也使相互间的借鉴、吸收和交流成为可能。20世纪初，中法两国都形成了服饰融合的状态，20世纪70年代以后，中国的改革开放再次为大范围的文化融合创造了条件，法国则在能源危机、环保观念的影响下对东方等异域服饰文化产生了巨大兴趣，形成新的服饰融合状态。

随着中国的改革开放和经济快速增长，也随着东西方交流的不断扩大和深入，中法两国在20世纪90年代以后越来越多地融合到了国际女装的潮流中，其流行也呈现出多样化的倾向，归纳起来有如下几个方面：

　　回归自然。在"返朴归真"的思想指导下，人们从大自然的色彩和素材出发，表现人类和自然的依存关系，各种自然色和未经人为加工的本色原棉、原麻、生丝等粗糙织物，成为维护生态的最佳素材；代表未受污染的南半球热带丛林图案和强调地域性文化的北非、印加土著、东南亚半岛的民族图案以及各种植物纹样的印花织物，树皮纹路的交织色彩效果，表现起棱略具粗糙感的布料等，都是90年代素材的新宠；在服装造型上，自然形那无拘无束的舒适性，不矫揉造作，不加垫肩的自然肩线成为流行，原始民族服饰中那些自然随意的造型特点和民间的、乡村的、田园式的富有诗意的美感为人们推崇。各种不拘礼节的、舒适随意的休闲装、便装在人们的日常生活中普及。薄、透、露现象，内衣的外衣化和无内衣现象愈演愈烈，蕾丝、各种网状织物和透明的、半透明的织物大为走俏，这一方面是性感的表现，另一方面也是对人体自然美的追求。

　　节俭意识。20世纪90年代人们的消费观是重质不重量，重机能性而不重装饰性，以最低限度的素材发挥最大的效益，反对铺张浪费，强调节约和废物利用，许多设计师的作品中都出现了类似川久保玲的"贫穷主义"的设计，"这一倾向具体表现在：①未完成状态的半成品出现。故意露着毛边，或有意把毛边强调成流苏装饰，或不拆衣服的缝捺线，或有意暴露衣服的内部结构，透着一种原始味和后现代艺术的气息。②旧物、废弃物的再利用。这包括两种情况，一种是把从旧货市场买来的，或从旧衣柜中翻出来的旧物创作成新的作品，另一种是故意做旧。"③仿毛皮及动物纹样面料流行，由于人们认识到保持生态平衡之重要，在消费者中出现了拒绝穿真皮、真裘的倾向，仿毛皮、仿皮革以及印或织有动物纹样的面料很受欢迎。④新素材的开发。90年代是一个"素材的年代"，在新素材的开发方面取得了许多突破性的进展，新素材不断涌现，彩色生态棉、生态羊毛、再生玻璃、龙舌兰、蒲公英等都被用来作衣料。新的水染法、有机染色法也应运出现。⑤重叠穿衣。一般以内紧外松，内短外长或内长外短的方式进行组合搭配。

　　未来主义。以现代高科技为背景，以各种新的合成纤维高弹力织物为素材，从 20 世纪 60 年代未来派大师的作品中受到启发，以富有生气的雕刻般的轮廓分明的造型，加上运动服装的机能性，表现出尖端技术感觉的图解性的未来印象。

后现代主义。把历史上、不同民族的各种艺术样式和装饰风格漫无秩序地组合在一起，形成戏剧性的、富有幻想和神秘色彩的浪漫设计。

总之，20 世纪中、法女装总的发展趋势是朝着机能化、舒适化、"轻装"化、民主化（无阶级化）、多样化的方向发展。

3.3.5　突破不同的服饰传统

虽然二者都是对于自己服饰传统的革命，都是在实现女装的现代化，但是中法两国女装的服饰传统是不同的，从样式、结构的角度来讲，中国传统女装属于"宽衣文化"体系，法国女装属于"窄衣文化"体系。中国女装在现代化的进程中是实现了从"宽衣文化"向"窄衣文化"的过渡，特别是发生了从平面结构向立体结构的转变；而同一时期的法国女装虽然也产生了革命性地变化，但主要还是在坚持自己传统"窄衣文化"的基础上的演进，并没有发生本质上的改变。

从思想观念的角度来讲，中国女装冲破的是封建礼教思想支配下的服饰文化体系；法国女装则是在资本主义发展过程中对于自身服饰文化体系的变革和发展，其仍然是受资产阶级人文主义思想影响和支配的。

因此，现代中国女装的演进要远比法国女装剧烈得多，它是在受到外来文化的急剧冲击的情况下，在很大程度上自觉或不自觉地割断了自己的服饰文化传统，而基本接受了西方服饰文化的观念和形式。尽管如此，一种文化或艺术形式的变革也并不是一蹴而就的。虽然 20 世纪的中国女装吸取了西方女装在样式、结构上的种种特征，但是中国人固有的审美模式和思维习惯并没有完全改变。因此在 20 世纪的许多中国女装的样式中都还或多或少地保留着中国传统女装的一些元素，在中国女装的观念当中也还保留着对身份符号功能的重视和对于人体侧面造型的忽视。与此相对应，法国女装虽然也接受了东方等不同民族服饰文化的许多影响，但主要还是停留在形式上的借鉴和吸收，其根本的窄衣文化的内涵并没有动摇。所以说，在 20 世纪中法女装的发展过程中，法国女装的发展主要表现为内力型的，而中国女装的发展则多为外力型的。

虽然20世纪初的中法女装都在很大程度上汲取了异质文化的滋养，但是由于社会背景和文化的不同，所以二者在所形成的服饰融合状态方面具有显著区别。中国女装在吸收了曲线裁剪技术的基础上，仍然坚持中国传统服饰的诸多要素，特别是装饰纹样和工艺处理的细节，相对而言，中国女装在这一时期还是比较庄重保守的。法国女装则不然，不同国家和地区的服饰元素都频繁地出现在法国女装的设计当中，但并不影响法国女装的主要审美取向——体现女性的性感特征，其他的异质文化成为其文化大餐中的文化拼盘。

3.3.6 对样式、结构探索的程度不同

20世纪，中国女装主要是在西方女装的影响下而逐渐发展的。在20世纪上半叶，中国女装将传统女装的元素与西方女装的特点相结合，形成了独特的样式、结构。在20世纪中期到改革开放以前，中国女装主要是"军服式"女装，样式、结构变化不大。80年代以后，中国女装又受到西方女装的巨大影响，开始跟随国际时尚潮流而变化。在整个过程中，中国女装自身对于样式、结构的探索是有限的，基本上是以学习和模仿西方女装为主。

而法国女装在20世纪初就开始对于样式、结构的积极探索，通过对东方服饰、俄罗斯芭蕾舞服饰等的学习，波阿莱等人创造了一些新的女装样式。20世纪20~50年代，夏奈尔、威奥耐、迪奥、巴伦夏加等人分别从造型、结构、裁剪方式等方面对女装进行了深入而多方面的探索，使法国女装的样式、结构极大地丰富起来。20世纪60年代以后，在"年轻风暴"的推动下，法国女装又从不同的方面向既有的女装样式、结构提出挑战，不断地汲取异质文化的营养，形成服饰的多样化状态，引领着国际女装的发展。

所以说，中法女装在20世纪对于女装样式、结构探索的程度是不同的。

3.3.7 服装设计师的作用不同

中国在20世纪女装的演变过程中，由于民族性格、社会环境以及社会体制等等因素的影响，并非以设计师来左右女装的流行；而法国则不同，活跃于不同历史阶段的服装设计师直接领导了世界服装潮流的演变。

服装设计师的创作贯穿了整个 20 世纪的法国女装发展，他们包括世纪初的保罗·波阿莱、卡罗姐妹、多塞、帕康，20~30 年代的可可·夏奈尔、威奥耐、简奴·朗邦、埃尔萨·斯查帕莱莉、简·帕特、鲁希安·鲁伦、爱德华·亨利·莫里奴等，40~50 年代的迪奥、巴伦夏加、巴尔曼等，60 年代的圣·洛朗、克莱究、帕克·拉邦纳、翁加罗等，70 年代的蒂埃里·穆勒、克劳德·蒙塔纳、三宅一生、让·保罗·戈尔捷等，80 年代的克里斯蒂·拉克洛瓦克斯、阿扎丁·阿莱亚、川久保玲、安特卫普六人组等，90 年代以来有加里阿诺、麦克奎恩等人。产生这种不同的原因是复杂的，但主要包括下面几个方面的因素：

（1）经济。法国由于工业革命的影响，使其技术进步，经济也飞速发展，法国因此成为富有、先进、发达的代表；而中国由于经济上落后于西方发达国家，则成为贫穷、落后的代名词。经济上的强大使法国服饰文化成为国际服装潮流的主流，催生了服装设计师的产生。

（2）思想观念。法国因为先一步摆脱了封建主义的束缚，在追求以人为本的民主化进程中，重视人的个性，这给了服装设计师一个较为宽松的创造空间，造就了众多优秀的服装设计师，极大地推动了现代服装设计的发展。而中国由于封建主义的长期制约，在思想观念上比较落后。其一贯注重共性、注重传统的思维模式，大大束缚了个性的发展，限制了设计师的创造性，这些是与服装设计现代化的需求不相适应的。

（3）政策。"1973 年 10 月，巴黎时装界和法国政府把高级时装协会、高级成衣协会和法国男装协会这三个行业组织统合起来，组成了现在的法国服装联合会"。并"通过记者的努力，在珠宝商'卡尔蒂埃'的赞助下，专为高级时装设计师设立了一个荣誉大奖——金顶针奖（De d'or）。为保持巴黎在世界时装中的领导地位，法国政府一方面支付费用，鼓励高级时装在世界各地展示。对其出口给予广告等方面的补贴，电视台免费为其播放和推广；另一方面采取对外开放政策，不分国籍，不分民族，为所有的设计师创造施展才华、平等竞争的环境，吸引全世界有才华的设计师到巴黎来展开自己的事业。也就是说，活跃于这个时装之都的设计师群体的构成是国际性的，设计文化自然也是混合型和开放型的。"[41]

第四章

"重装"到"轻装"演变进程的思考

罗素在 1922 年写就的《中西文化比较》中说："不同文化之间的交流过去已经多次证明是人类文明发展的里程碑。希腊学习埃及，罗马借鉴希腊，阿拉伯参照罗马帝国，中世纪的欧洲又摹仿阿拉伯，而文艺复兴时期的欧洲则模仿拜占庭帝国。" 历史证明，各民族文化之间的互识、互补是彼此发展的动力，而这也正是服饰文化比较研究的出发点和目的地。

"从'重装'到'轻装'——近现代中法女装样式结构比较"是一种跨文化的服饰文化研究。它不是在同一种文化系统中的比较，而是在两种不同的文化间进行比较，也就是两种异质文化之间的比较。所谓异质文化是指不同思想体系和不同文化意蕴的人类特定文明系统，异质文化之间往往是相矛盾、甚至是对立的，表现出不同的信仰、不同的意识形态、不同的文化气质和不同的价值观。[42]

以尊重、认识不同文化的各自价值为前提，我们所进行的服饰文化比较研究，其目的是互识、互证、互补、沟通和了解，这也是 21 世纪服饰文化比较研究的一个特点。本论文通过对近现代中法女装从"重装"到"轻装"的历程进行深入探究和比较，在展示双方不同的服饰发展脉络的同时，也在寻找人类共同的服饰文化规律，进一步确定双方独立的价值，其目的是促进服饰文化的多元化。

近现代中法女装的发展是一个跌宕起伏的过程，在其中不同的历史阶段，中法女装在样式、结构上呈现出多种多样的形态，反映出异常活跃的社会思潮和风云多变的时代背景。它们时而崇尚自己的传统，时而又反叛自己的传统，时而各自特色鲜明，时而又相互交流融合。如此种种，形成了丰富多彩的近现代中法女装可圈可点的洋洋大观。在前面的比较中，我们可以概括出历时二百多年的近现代中法女装样式、结构发展演变的两条线索，这也是中法女装从"重装"向"轻装"演变的两条轨迹，它们所呈现给我们的诸多异同和发展的规律性会给予我们深刻的启发。

4.1 近现代中法女装样式结构的异同

4.1.1 近现代中法女装样式结构的相异之处

近代中法女装在样式、结构上是具有显著不同的。近代中国女装受封建礼教思想的影响，强调封建等级的区分，服饰配套复杂；女装属于"宽衣文化"体系，坚持着中国传统服饰文化的特色。近代法国女装在人文主义和资产阶级思想启蒙运动的影响下，追求对女性人体曲线的表现，延续的是西欧传统服饰文化的特点，属于"窄衣文化"体系。中国女装宽松离体，采用直线裁剪，使用二维空间的平面构成方式，注重身体的正面和背面；法国女装在上半身强调紧身适体，下半身多采用膨大化的造型，整体采用曲线裁剪，使用三维空间的立体构成方式，兼顾身体的侧面；中国女装大多采用挑、补、绣等工艺手段进行多种多样的平面装饰；法国女装更多的则是在袖型、领型、拖裾等部件上进行多种变化和加以蝴蝶结、人造花等立体装饰。中国女装多以"上下连属制"为主，女性穿着裤装较为普遍；法国女装多以"连体式"为主，女性基本不穿着裤装。中国女性对人体的束缚表现在"三寸金莲"上，法国女性对人体的束缚表现在"紧身胸衣"上。

现代中法女装在样式、结构上是一个趋同的过程，但其中也存在诸多不同。中国现代女装的发展可以分为三个时期：第一个时期，即20世纪20~40年代，中国女装在学习西方女装窄衣特色的基础上，仍然保留着中国传统女装的一些元素，如立领、盘扣、大襟以及一些中国式刺绣、牙子、花绦等装饰手段，这一阶段可以说是中西合璧的一个典型时期；第二个时期，即20世纪50~70年代，中国女装与西方女装的直接交流几乎完全中断了，也全盘摒弃了中国传统女装的影响，这时的中国女装主要呈现出特定意识形态下比较单一的中性风格，但其形式上已经属于西方"窄衣文化"体系；第三个时期是20世纪80年代至今，中国女装再次受到国际服饰文化潮流的直接影响，在不断深入学习国际流行的女装样式、结构的基础上开始寻求和探索具有自己本土特色的新的女装形态。法国现代女装的发展同样有三个分期：第一个时期是20世纪初期到50年代，这是法国女装对于传统的女装样式、结构进行革命，转型为现代女装的关键时期，女装样式、结构在坚持"窄衣文化"特色的基础上摆脱束缚，逐渐向男装靠拢，不断简化，更加强调机能性；第二个时期是20世纪60~80年代，这是法国现代女装高速发展的阶段，法国女装通过不断挑战自己既有的观念、样式、结构，也在不断适应着时代发展的需要，现代主义风格的女装样式、结构在这一时期已经发展得相当成熟；第三个时期是20世纪90年代至今，此为法国女装从现代主义风格向后现代主义风格转变和发展的时期，法国女装再次以反叛和批评的态度对现代主义风格提出挑战，更加强调个性和多样化的后现代主义风格确立。

由此可以看出，近现代中法女装样式、结构是有显著不同的。这种不同源于不同的文化传统、不同的审美风尚、不同的历史条件、不同的时代背景等综合因素的相互作用。但在20世纪后期，中法女装则出现了显著的融合趋势。

4.1.2　近现代中法女装样式结构的相似之处

毋庸讳言，近现代中法女装的样式、结构也存在很多相似之处。在近代，中法女装都具有"重装"的特征，极其强调装饰，束缚人体，女装大都重视遮盖性，衣服比较长，强调阶级差异和女性的性别特征，男女服装的差异性比较大，女装的样式、结构主要适应的是手工制作，女装的机能性也都比较差。到了现代，中法女装的样式、结构都逐渐摆脱了各自传统女装的风格，解放了女装对于人体的束缚，减少了装饰，弱化了性别差异和阶级差异，衣长越来越短，服装的机能性越来越强，女装的生产也从手工制作转变到成衣的批量生产。简而言之，也就是中法女装都从"重装"走向了"轻装"。

4.2　从"重装"到"轻装"是女装发展的历史必然

从下面几个方面我们可以梳理出中法两国女装从"重装"走向"轻装"的历史必然性：

4.2.1　政治、思想基础

现代化的思想源头，可以追溯到14~16世纪的文艺复兴、16~17世纪的科学革命、17~18世纪的启蒙运动、18~19世纪的英国工业革命和法国大革命等。在启蒙运动时期，思想家们收集、整理、传播哲学和科学知识，用理性的目光分析历史。他们的许多思想成为经典现代化理论的内容，如宽容、正义、理性、自由、平等、民主和法治等。"现代化"一词就产生于这个时期（1748~1770）。萌发于法国社会的启蒙思想，随着法国大革命的影响，把象征着自由、平等、博爱的三色旗及其思想从法国向全欧洲、全世界扩展开来，也影响到20世纪初的中国社会，成为中法女装冲破封建传统的束缚，走向现代女装发展道路的指导思想和精神力量。

法国大革命推翻了法国的封建制度，法国社会也由此打开了封建主义封闭的大门，从农业社会向近代工业社会急速转变。思想启蒙运动的影响日益深刻，特别是其中的民主思想，要求在整个社会及其服饰文化领域消除一切阶级差别，废弃封建等级社会对于穿衣的种种限制，给予人们穿着服饰的充分自由。法国大革命取缔了封建贵族的服饰等级制度，时代要求女装能够体现出新的价值追求、新的精神面貌，并能适应新的生活方式。此后，在新旧势力的数次较量中，法国逐渐获得了新的政治体制的确立，思想领域得到更深入的解放。思想的解放和资本主义制度的建立，使得近代法国女装得到了更大的发展空间，在思想上有了明确的发展方向，在制度上有了追求自由、民主和平等的保障。女装由此开始努力摆脱传统"重装"。

清朝晚期，中国受到西方列强的侵略，封建专制的政治体制和传统的思想文化体系受到冲击，中国社会逐渐转变为半封建半殖民地社会。在维新派的"洋务运动"、"戊戌变法"等运动的努力推动下，中国的先进知识分子也在逐渐地学习和借鉴西方的思想文化和科学技术，积极探索中国的强国富民之路。"辛亥革命"的爆发，不仅彻底终结了中国封建专制的政治制度，而且也彻底废除了清朝的封建服饰等级制度。以此为基础，在"五四"思想启蒙的推动下，西方的资产阶级民主思想和共产主义理论开始深入地影响中国社会，为中国女装摆脱传统"重装"逐步西化（现代化）做了铺垫。

无论是法国大革命，还是中国的"辛亥革命"，都是以暴力形式终结封建统治秩序的资产阶级革命，它们同时也在制度层面终结了中法传统女装的阶级差别，为中法女装在近现代社会的自由发展扫清了道路。从法国思想启蒙运动到中国的"五四"思想启蒙运动，其思想根源是一致的，民主思想对于中法两国的影响也是极其深刻的，它不仅启迪和推进了中法女装从"重装"向"轻装"的演变，而且也是20世纪后期女装多样化发展的思想基础。

4.2.2　经济、技术条件

18 世纪中叶兴起于英国的产业革命在 19 世纪开花结果，19 世纪是西方社会现代化快速推进的世纪，1825 年英国解除工业机器出口的法律限制，工业革命开始向欧洲大陆扩散。通过机器的大批量生产促进了资本主义经济的发展，改变着整个西欧的社会结构。19 世纪的法国社会中，葡萄酿酒获得了大量的财富，银行在繁荣，市场在发展，铁路得到大规模的修筑。法国的第一条铁路在 19 世纪 30 年代开通，新的交通方式和新的生产方式对于瓦解旧的农业社会起着至关重要的作用。在拿破仑三世的推动下，法国在很短的时间内迅速完成了工业革命，新的经济体制和工业社会模式逐渐形成。

现代西方科学技术发展迅速，随着化学染料问世、化学及化工的进步，合成纤维、合成橡胶及塑料这三大合成材料应运而生。1938 年，美国杜邦公司发布了新的合成纤维尼龙；1940 年，英国人发明了涤纶，各种合成橡胶轮胎大量用于汽车、拖拉机和飞机等现代交通工具，各种塑料投入工业化生产。这些科技成果大大改善了人类的生活，大量生产的花色繁多的廉价衣料更是丰富了人们的着装选择，使女性的服装有了更多变化的可能。缝纫机的出现对成衣制造业具有划时代的意义，它使大批量的服装工业化生产成为可能，也必然要求新型的女装一定要适应机械化生产的需要——简洁而易于加工制作，因而朴素的"轻装"成为新时代的审美标准。用来裁衣的纸样的出现则是规格化、标准化的成衣产业的另一个基础条件。作为时装信息的传播媒介，时装杂志在 17 世纪应运而生，1798 年德国的塞尼费尔德发明了石版印刷术，使彩色印刷成为可能，这就为时装样本（Fashion Book）的大量出版和发行做好了技术上的准备。时装样本一方面应季推出新的款式供人们选择，一方面指导人们消费，对流行的形成发挥着促进作用，从而改变了过去的流行主要来自宫廷的单一方式，为现代女装的大规模传播起到了推波助澜的作用，成为女装民主化的信息支撑。

由于西方社会的影响，近代中国的经济技术也有一定程度的发展，特别是在"洋务运动"的推动下，中国的民族资本有了一定程度的积累，也从西方等发达国家引进了一些技术和设备。西方资本主义的入侵，同时带来了一些经济、技术和市场方面的影响。

总之，生产力水平的不断提高和现代科学技术的飞速发展为中法女装从"重装"到"轻装"的转变提供了强大的经济技术支持。经济和技术的发展确立了新的生产和生活方式，它必然要求中法两国女装要适应这一变革的需要。女装生产设备的改良，女装材料的研制，服装板型的不断改进，尤其是服装流水线等成衣生产标准的建立，现代通讯和传媒技术的发展和普及，使得中法女装在样式、结构上有了巨大的发展。在20世纪，无论是法国还是中国，一些大城市中的人们的生活方式已经发生了根本的改变。随着工业文明的推进，从建筑到交通工具，从家具到服装，人们学习、工作、生活、运动、消遣的方式和环境都在改变。一方面，节奏加快了，女性参与社会生活的同时，不再像以往那样拥有很多时间来穿戴打扮，大部分女性需要穿着简便而又易于整理的服装；另一方面，女装要与变化了的客观环境相适应，符合新的设计美学思想。女装的"轻装化"是生产和生活方式改变之后的必然诉求。近现代经济与技术的发展为中法两国女装从"重装"走向"轻装"，实现女装的现代化奠定了基础。

4.2.3 女性解放运动推波助澜

对于法国女性来说，法国大革命及其结果为她们提供了新的社会角色，许多人很快拥有并适应了它，估计当时有超过8000名的女性为了革命而在前线部队作战。这种新的角色使女性开始重新认识自己，并寻求自己在社会生活中的新地位和新权利。奥兰普·德·古热在1793年签署了她的《妇女权利宣言》，开了女性解放的先河，女性解放思想在法国社会出现以后，得到了世界各地女性的响应。从第一次世界大战中的女性走出家门，担当起战时的生产重任，到"二战"后的女性争取"选举权"和"同工同酬"的民主权利，女性解放运动在近现代的法国等西方国家开展得如火如荼。它也深刻地影响到20世纪的中国，从女子教育的兴起到"妇女半边天"思想的深入人心，现代中国社会女性解放的力度是很大的。

伴随着女权运动的兴起，女性日益在社会中发挥作用，她们不仅要求自己的服饰能反映女性解放的心理需求，而且要求服饰能够适应这种新的社会角色和工作需要，具有同男装一样的社会身份和机能性。在这种要求下，法国女性的"紧身胸衣"被摒弃，中国女性的"三寸金莲"被放驰，中法女性终于从束缚走向解放。而随着女子教育中体育活动的展开和女性解放运动的深入，男式女装也时有闪现。20世纪20年代，男女同权的思想在法国被强化和发展，女装上甚至出现了否定女性特征的独特样式，以追求男女形式上的平等。中国近代女装也曾受到西方女性解放思想的影响，出现了一些男性化的倾向，但程度不深。在 20 世纪 50~70 年代由于中国女性解放运动是由政府主导和推动的，其解放的程度深入而彻底，所以女装已经表现得非常中性化、男性化了。20 世纪后期，"女性主义"再次成为一个热点话题，继续影响着中法女装的发展。总之，女性解放思想在 20 世纪的中法两国得到了深入发展，它在思想意识层面上为探索新的女装样式、结构提供了支持。

虽然中法两国女性解放运动开展的程度不同，但这股强大的潮流代表了历史发展的必然，它使女性从传统的附属于男性的地位向着现代的、独立自主的地位转变，它所倡导的与男性平等的观念其实也是民主思想的一个重要组成部分，它迫切要求女装在样式、结构上与男性接近，并逐渐显示出平等、独立的价值，以体现"男女同权"的思想。女性解放思想为中法女装冲破传统的、强调性差的"重装"，向两性平等的、具有机能性的现代"轻装"发展起了重要的思想指导作用。

4.2.4　艺术思潮的反映

从古典主义、浪漫主义到写实主义、印象派，再到工艺美术运动，新艺术运动、装饰艺术运动，以及后来的现代主义的诸多流派和风格，如超现实主义、波普艺术、达达主义等，法国近现代艺术思潮一直与女装的发展密切相连。特别是在 20 世纪初，受新艺术运动、毕加索的立体主义、包豪斯设计理念、谢尔盖·佳吉列夫的俄罗斯芭蕾舞、埃及艺术、美洲印第安艺术、早期古典艺术及东方艺术影响而产生的装饰艺术，以曲线和直线，具象和抽象这种相反的要素构成简洁、明快，强调机能性和现代感的艺术样式，其中直线的几何形表现，显示出对工业化时代适应机械生产的积极态度，形成现代设计的基础，因之也被称为"现代风格"。"装饰艺术运动"深刻地影响了法国女装从"重装"到"轻装"的发展，它奠定了一种新的审美标准——简洁而具机能性。这种风格也影响到 20 世纪的中国社会和中国女装。其后各个历史时期的艺术思潮也都在不同程度上影响着中法两国女装样式、结构及其现代化进程。

4.2.5　两次世界大战的影响

发生在 20 世纪上半叶的两次世界大战无论对于法国女装，还是对于中国女装都产生了巨大而深刻的影响。1914 年到 1918 年，历时四年多的第一次世界大战以及 1939 年到 1945 年的第二次世界大战席卷了整个世界，大量男性被卷入战争，劳动力短缺。女子成了战时劳动力的重要资源，它强制性地使女性参与社会活动，也必然要求女性在服装的样式、结构上追求机能性，以适应社会工作的需要。以往束缚人体的、过于强调装饰的"重装"这时失去了其存在的基础。同时由于战时物资的匮乏，女装在用料上也更加节省，朴素、简洁成为战时女装的特点。女装由此产生了划时代的大变革，裙长缩短，繁琐的装饰被去掉，富有机能性的"男式女服"成为女性着装的主导。两次世界大战，强制性地彻底改变了人们的世界观和生活方式，战乱中，女性体验了机能主义服饰的优点，衣服的简洁和便于活动等实用因素受到人们的重视，女装向男性化方向发展，"二部式"的女西服成为现代新女性的标志。极富男性味的"军服式"女装在更广范围内普及，进一步削弱了服饰上的阶级差和性别差。战争及战后的经济复苏带来的社会变革，不仅使更多女性走出闺房，摆脱了家庭的束缚，而且成为与男性一样的、社会、政治、经济地位独立的社会成员，这是一个划时代的变革。所以说，两次世界大战是中法女装摆脱"重装"束缚、向"轻装"迈进的催化剂。

4.2.6　服装设计师的历史作用

自沃斯在巴黎开设了以上流社会的贵夫人为对象的高级时装店，成为巴黎高级女装的第一位设计师以后，历史进入一个由设计师创造流行的新时代。杰克·多塞、卡罗三姐妹、帕康夫人和保罗·波阿莱等人，在世纪之交以自己非凡的才能，敏锐地把握着时代的脉搏，进行女装的探索性设计，取得了辉煌的成就。

其中，波阿莱的历史作用是巨大的。他不仅取掉了女性的紧身胸衣，而且在设计中体现出一种国际化的眼光。他对东方艺术兴趣十分浓厚，发表了东方趣味的作品"孔子"式大衣，土耳其式裤子，和服式开襟和袖型的连衣裙等。1908年，波阿莱店增设了营业部、发送部和成衣部等新的部门，使其组织现代化。他还创设了香水公司和工艺学校，保护有才能的艺术家，培养出许多年轻设计人才。1912 年，波阿莱亲自率领 9 名模特周游莫斯科、柏林等欧洲各国首都和主要城市，展示自己的作品，树立品牌形象。他每年都在伦敦举办作品展示会，还是第一位赴美国的设计师，他的努力使巴黎时装在海外得以宣传和发展。而与波阿莱齐名的帕康夫人则很早就意识到广告对于时装企业的重要作用。她在海外开设分店，成为当时规模最大的一家高级时装公司。

20 世纪 20 年代，是巴黎高级时装的第一次鼎盛期，其中主导现代女装发展方向的是可可·夏奈尔。她第一个推出了针织面料的男式女套装，弱化了日装和晚装的区别和男女服装之间的性别差别，打破了传统的贵族气氛。她尽可能使女装朴素、单纯、民主化，对现代女装的形成起了不可估量的历史作用。被视为现代设计代表的另一位设计师是威奥耐夫人，她的 "斜裁" 技术是对女装样式和结构的重要发展，其设计风格受 "装饰艺术" 和东方艺术影响很大，直线的、几何形的元素，日本的浮世绘、和服等的艺术风格都可在其作品中找到痕迹，被认为是东方和西方的服饰文化以新的形式在时装上融合的典范。此外，简奴·朗邦、简·帕特、爱德华·亨利·莫里奴等人也活跃于这个辉煌的时代。

20 世纪 30 年代，被称为 "时装界的超现实主义者" 的埃尔萨·斯查帕莱莉，第一个在高级时装中导入上下不同色、可以自由搭配的组合装（Separates），强调美国式的合理性。被誉为 "20 世纪时装界巨匠" 的克里斯托巴尔·巴伦夏加，创造了许多既重视整体造型又具有革新性的女装结构。被誉为 "布料的雕刻家" 的葛莱夫人、以高雅著称于世的尼娜·莉奇和希腊人简·戴塞也都活跃于这个时代。

20 世纪 40 年代，迪奥发表了 "新样式"，此后十年中，他对于女装的样式进行了许多大胆探索，极大地丰富了女装的面貌。50 年代，巴黎高级时装业进入第二次鼎盛期。技术权威巴伦夏加致力于推行简洁、单纯、朴素的女装造型，对应于社会生活的简略化，他在方便于活动、解放女性腰身上做文章，开拓了运动型女装。皮尔·巴尔曼追求高雅的 "贵夫人" 形象，杰克·法特把同一款式分成许多号型大量生产，打开成衣生产的先河。此外还有尤贝尔·德·基邦希、皮尔·卡丹和伊夫·圣·洛朗等人。

安德莱·克莱究在 20 世纪 60 年代推出 "迷你裙" 和 "几何形"，勇敢地在高级时装领域向传统禁忌挑战。伊夫·圣·洛朗将现代艺术与时装完美的结合，表现出法国现代女装独特的浪漫和优雅的气质。20世纪70年代，他又不断从民族服饰中挖掘灵感，世界各地的民族风格都被汇聚到他的作品中。帕苛·拉邦奴、艾玛纽埃尔·翁加罗（Emanuel Ungaro，1933—　）、简·路易·谢莱尔（Jean Louis Scherrer，1935—　）、马尔克·葆安（Morc Boan，1926—　）等人都活跃于这个年代。从1960年代起，活跃于高级成衣界的设计师还有杰克里奴·雅克布逊、达尼埃尔·艾修泰尔、卡尔·拉加费尔德、索尼亚·莉姬埃尔、艾玛纽埃尔·卡昂、香塔尔·托马斯以及高田贤三、蒂埃里·谬格莱、克罗多·蒙塔纳等。他们以反传统的革命精神扭转了历史的潮流和过去的服饰观念，使女装流行进入一个多样化的时代。

此后，加里阿诺、麦克奎恩、卡拉扬等一批又一批杰出的设计师通过自己的不懈努力，不断探索着女装发展的各种可能性，拓展着女装领域的外延，进一步确立了巴黎作为世界时装中心的国际地位，指导着国际女装的流行。

总之，设计师是近现代女装从"重装"向"轻装"演化的直接推动者，以上设计师对于法国女装样式、结构的影响是直接而显著的，对于中国女装的影响是间接的。20世纪90年代以后，中国开始逐渐形成了自己的女装设计师队伍，并开始对中国女装的发展产生直接影响。1992年"中国服装设计师协会"正式成立，为中国服装设计师的培养和发展建立了平台；中国也开始举办各种各样的服装服饰博览会，加强设计师与企业、国内和国外的互动，促进了中国服装设计师对女装发展的积极作用。

4.2.7 文化碰撞与融合的结果

相对于西方而言，中国文化长期在一个相对固定的区域内传承，具有个体发生的特征；而西方文化在很长的历史阶段，都处在不断的文化融合当中，通过不同性质文化的碰撞、比较和融合，优选出适合自己发展的文化，具有系统发生的性质。19世纪末，伴随着殖民战争，西欧列强的脚步遍及世界各地。他们在进行殖民掠夺的同时也把他们的文化带到了各个殖民地，并把异域文化带回了欧洲。与此同时，在经济、政治、军事的作用下，其他的一些交流也在逐渐加强，这为更大面积的文化碰撞和进一步融合作了铺垫，也为现代女装的传播打下了基础。

20世纪后半期，经济全球一体化市场逐步形成，随着交通方式、通讯方式的进步，信息社会初具规模，不同地域、不同民族之间的文化交流日益频繁和深入，世界范围内的文化大碰撞和大融合成为必然趋势。以欧洲社会为核心不断辐射、席卷全球的文化融合深刻地影响了中法近现代女装从"重装"向"轻装"的演变。

综上所述，近现代中法女装从"重装"向"轻装"演变的动力是各方面形成的合力。法国是在政治、经济、思想文化、科学技术等几个方面走向现代化的基础上，实现女装从"重装"走向"轻装"的现代化进程的，具有历史发展的必然性。发生在18世纪中叶的工业革命带动了一系列科学技术的革命，西方资本主义以启蒙运动思想，特别是理性工具为指导，得到了快速的发展，为工业文明奠定了经济基础，为现代化提供了思想武器和物质保障。18世纪末的法国大革命从政治制度上打破了封建体制，确立了资本主义制度，中产阶级逐渐扩大，市场经济体制逐渐形成，为现代化提供了制度保障和市场支持。从以农业文明为主导的封建社会转变到以工业文明为特征的资本主义社会，新的审美追求取代了以往的审美标准，近现代法国女性服饰必然要适应这种思想的改变、环境的改变，以及生产和生活方式的改变，必然抛弃装饰过剩的"重装"，迎来适应现代生活的"轻装"。

中国近现代社会在国际大环境的影响下也发生了急剧的变革，尤其是在英、法等西方国家的经济、军事、文化的冲击之下，社会环境和生活方式都发生了巨大变化，走向现代化也是历史发展的必然选择。

殊途同归，尽管中法女装在近现代发展过程中所经历的时间有长有短，发展的轨迹也不相同，但是在其发展的总体趋势上却是一致的，即二者都是从样式、结构极其复杂的"重装"向着简洁的"轻装"方向发展。中法两国女装的样式、结构在近现代的发展过程中经历了从封建服饰等级制度严明到消除阶级差别的广泛自由的服饰流行，从女性服饰对人体的束缚到解放，从装饰的繁缛到简洁，从强调两性的差别到表现两性的平等，从女装的手工制作到成衣的大批量生产……中法女装经过从"重装"到"轻装"长期的发展，其结果是相似的。它反映出女装的现代化像其他领域的现代化一样："是一个相对可预期的过程，是一个全球的过程，是一个长期的过程，是一个有阶段的过程，是一个进步的过程，也是一个积极适应过程，是一个转型的过程，是一个系统的过程，是一个不平衡的过程，是一个复杂的过程，是一个国际竞赛过程，是一个不可逆的世界趋势。"[43]历史告诉我们，女装现代化过程中从"重装"到"轻装"的发展同人类社会现代化进程一样，是相对连续的和不可逆的。但是，某个国家和地区的"轻装"化进程有多种表现形式，它可以是连续的，也可能出现中断甚至较长期的倒退。

4.3 从"重装"到"轻装"演变进程的差别

尽管中法女装在近现代从"重装"向"轻装"演变的总体趋势是一致的，但是其演变的背景、演变的动力、演变的步伐，其"轻装"化的进程却存在显著的不同。

4.3.1 演变背景的差别

（1）经济水平的差别

在不同历史时期，中法两国的经济发展水平存在显著差别。一般而言，经济是社会的基础。社会时间与经济时间应该是基本一致的，社会时间与经济时间的刻度也应该是基本一致的。《中国现代化报告 2005》建立了经济时间，时间刻度为原始经济、农业经济、工业经济和知识经济时代。根据第二次现代化理论，并与经济时间对应，从人类诞生到 21 世纪，"社会时间"刻度为原始社会、农业社会、工业社会和知识社会，每个社会时代的发展过程又包括起步、发展、成熟和过渡等四个阶段。

近现代中国的经济发展水平相对比较落后，19 世纪中期以前，中国处于农业社会，19 世纪后半叶到 20 世纪初，中国有了工业经济的萌芽，但在其后相当长一段时间内始终处于一个传统的农业国家，也是一个社会欠发达国家。直到 20 世纪 80 年代，中国才进入到工业社会的初期阶段，进入第一次社会现代化的起步期。20 世纪末，21 世纪初，中国进入到工业社会的发展阶段，也是第一次社会现代化的发展期，并受到西方知识社会的影响。

而对于法国来讲，英国工业革命提供了现代化经济层面的范例，法国在 19 世纪中叶完成了工业革命，建立了早期的工业社会，带动了经济的高速发展。到了 20 世纪初，法国已经成为成熟的工业社会。20 世纪 60 年代以后，法国逐步进入到工业社会的过渡阶段，20 世纪 90 年代以后，法国发展到知识社会阶段。

从上述社会时间的比较，我们可以看出中法两国在近现代始终处于并不同步的经济发展阶段。

（2）社会形态的差别

生产力决定生产关系，经济发展水平影响着中法两国的社会形态和社会政治制度。在农业社会时代，基本社会制度是土地制度，社会资源是私有的，君王官僚和奴隶主（庄园主或地主）决定社会资源的配置和分配。在工业社会时代，基本社会制度是市场经济和社会福利制度，市场和国家决定社会资源的配置和分配。知识社会时代的基本社会制度将是信息网络和知识相关制度，知识资源生产、配置和分配的制度正在形成之中。

通过分析，我们可以梳理出中法两个国家在近现代社会形态发展的两条线索。虽然都是从封建社会脱胎出来，但是中法两国却走了两条不同的道路。中国摆脱封建社会的状态比较晚，在相当长的一段时间内处于半封建半殖民地社会，在 1911 年辛亥革命后才建立资产阶级共和国，资本主义发展的时间也比较短，到 1949 年新中国成立以后，比较早地进入到社会主义初期阶段；法国在 1789 年法国大革命的推动下，较早地摆脱了封建社会的束缚，资本主义的发展经历了漫长的历史时期，从早期资本主义社会发展到中期资本主义社会，最后进入后期资本主义社会，目前已经成为发达的资本主义国家。

（3）思想文化的差别

在 19 世纪的法国，启蒙运动的思想[44]发挥着社会影响力；同时期的中国还是坚持传统的儒道互补的哲学思想。20 世纪初的法国是古典社会学和科学社会主义思想[45]传播的年代；在中国，传统的农业社会思想继续发挥作用。20 世纪 60 年代的法国，现代社会学理论[46]处于主导地位；在中国，发展社会学受到重视，古典社会学继续发挥影响。20 世纪末、21 世纪初的法国，知识社会时代的新社会观念，[47]既是社会学家们研究的热点，也是不断扩展的新社会现象；在中国，发展社会学仍然是热点，古典社会学和现代社会学的观点，都对发展社会学有所影响。同时，发达国家的新社会观念也在到处传播，尽管它们还不适用于中国作为发展中国家的社会现实。

社会思想的演变，既反映了思想家和社会学家对社会规律和社会理想的追求，也反映了他们对某种社会制度和观念的推崇。概括起来讲，农业社会是专制思想，工业社会是民主思想，知识社会是全球化思想。在农业社会时代，人类社会的基本形态是专制社会，社会资源是私有的，资源的配置和分配是特权控制的；人类的社会观念既有满足政治需要的社会策略，也有充满理想的社会憧憬，还有对社会现实的基本描述。其中，法国在农业社会时代后期，封建社会思想继续发展，但随着欧洲科学革命、宗教改革、商业革命和思想革命的发生，文艺复兴和启蒙运动的社会思想成为法国社会思想的重要组成部分，许多重要社会思想，如科学、民主、平等和自由等，直接影响了社会现代化进程，也影响到女装的"轻装"化进程。在工业社会时代，人类社会的基本形态是各种民主福利社会，社会资源由国家和市场所配制和分配，人类的社会思想空前活跃，社会学得以产生和发展。[48]

在从"重装"向"轻装"的演变过程中，近现代在中法两国社会中占主导地位的思想文化的差异形成了对中法女装不同的影响。

4.3.2 演变动力的差别

中国近代女装从"重装"向"轻装"的演变最初在很大程度上是被动的，是外力型的。在没有充分的思想准备的情况下，西方的坚船利炮打开了中国的大门，在内忧外患面前，中国自身也在应对着危机。一时间，深厚的传统、强大的保守势力与外来的文化、微弱的变革力量，进行了数次较量。"洋务运动"、"戊戌变法"，都宣告了当时的中国想走自内而外的变革是行不通的，主动的、自上而下的、内力型的改良主义道路失败了，中国不可避免地走上了被动的、自下而上的、外力型的暴力革命的道路。这种历史境遇也直接投射在近现代中国文化和作为其组成部分的中国服饰文化的发展上。当时的中国传统女装根本没有可能通过自发的、对自身的改革生成新的服饰文化，西方近现代女装文化的急剧冲击改变了中国服饰文化个体发生性的规律，外力型推进成为中国女装样式、结构在近现代发展的主要特征。

清朝统治后期的中国，一方面清政府对内实行封建专制，闭关锁国，继续努力维持着封建的政治、经济和思想体系，在当时的社会内部并没有产生进行女装演变的动力，没有在政治、经济、思想等方面进行女装"轻装"化的社会基础和准备。相反，在旧体制的支撑下，传统的女装文化根深蒂固，不易撼动。另一方面，1840 年，中国受到英、法等国列强的殖民侵略，一系列不平等条约的签订及其引发的连锁反应，使得西方的思想观念、商品经济和文化技术等逐渐渗透到中国来，开始对中国女装产生冲击和影响，这为中国女装向以西化为主要特征的现代化方向发展奠定了基础。所以说，中国女装从"重装"向"轻装"的演变，也就是女装现代化的进程，最初是在外力的作用下被动进行的，是缺乏由内而外自发生成的政治、经济和思想基础的，也是缺乏内在的充分准备的。因此这种变化也就更多地集中在受西方文化影响较多的上海等大城市，而内地和农村地区的女装则仍然在很长时间内没有太大变化。

20 世纪上半叶的中国战乱不断，中国与西方的接触也日益频繁。孙中山领导的辛亥革命推翻了封建社会的政治制度，建立了资产阶级共和国——"中华民国"，为进一步学习和引进西方先进的思想方法和科学技术提供了保障。在"洋务运动"、"戊戌变法"的社会基础上，在"五四"新思想新文化的影响下，思想文化领域获得了解放，中国的民族资本主义经济有了一定的发展，处于现代化进程之中的西方女装的影响有了长驱直入的更大契机，中国现代女装也呈现出主动学习西方服饰文化的诸多特征。但这并不意味着具有几千年传统的中国服饰文化就彻底烟消云散了，它的影响依然存在。经过一段时间的融合，中国女装曾在20 世纪 20~30 年代一度形成了既具有中国特色、又与当时的国际时尚流行相联系的独特面貌。它们敏感地反映出时代的特征，积极地探索新的女装表现形式：中西合璧式和纯西式的女装大量出现，西方女装逐渐"轻装"化的面貌也随之呈现在中国女装的样式、结构中，促使其向现代化的"轻装"状态迈进了一步。这是在反封建思想影响下主动引进西方服饰文化的阶段。

20 世纪中期，新中国成立，建立了社会主义制度。但是由于社会主义和资本主义两大阵营的对峙，形成了"二战"后的冷战状态。在西方国家的封锁下，中国再一次回到封闭状态。在当时"以阶级斗争为纲"的特殊政治氛围中，在反帝、反修、反封建的思想指导下，中国女装进入一个特殊的发展时期。传统女装样式，尤其像旗袍、马褂之类，被看作是地主、老财、封建主义、资本主义的达官贵人的东西而告弃，西方的流行被作为帝国主义、资本主义的东西而拒之门外，就连20世纪50年代中苏友好阶段受苏联影响的大花布布拉吉，到60年代因苏联变修也终止了流行。在极左思想支配下，政治运动不断，经济停滞不前，人民生活处于低水平状态。在"妇女能顶半边天"、"男女同工同酬"、"不爱红妆爱武装"等政治口号和思想运动影响下，中国女装向男装的方向发展，进入一种中性化状态。同时，完全消灭了阶级甚至等级差别，社会呈现平民化、平均化状态，女装的面料、款式、色彩也非常单调。

20世纪70年代末、80年代初，中国实行改革开放。随着改革开放的不断深入，中国在学习西方先进的思想文化和科学技术的同时，也在积极学习西方的服饰文化，主动参与国际时尚潮流和国际交流，这对中国女装的样式、结构产生了巨大的影响。在20多年的发展过程中，中国女装面貌发生了巨大变化。20世纪90年代以后，西方女装已经进入后现代发展时期，随着全球化市场的形成和国际交流的加强，西方女装对中国女装的影响更为显著，因此，20世纪90年代以来的中国女装发展就呈现出现代主义和后现代主义胶着在一起的复杂状态。由于文化的断裂颇多而衔接不够，人们在思想观念和生活方式上也就出现了一些混乱，反映在女装领域也就相应地出现了一些盲目追随西方的现象。时代的发展要求人们对西方文化进行冷静的思考，对自己的文化进行深入反思，并逐渐探索具有本土特色的女装，一个对服饰文化进行系统梳理的阶段开始了。这又是一段非常活跃的主动学习的时期。

总之，近现代中国女装主要是在西方文化的冲击下被动或主动地接受和吸取西方女装的样式、结构特点而形成"轻装"面貌的，它与中国传统的服饰文化是截然不同的，是一种文化的断裂。中国现代女装的生成基本上是对于一种外来文化的被动接受和主动模仿的融合过程。中国从"重装"向"轻装"的转变与西方的渐变相比，是一个无思想准备的突变过程，这种跨越式的突变导致自己的服饰文化传统断裂、许多环节缺失，这些直接影响到中国女装的发展，今天的中国女装既要解决现代化的问题，也要同时面对国际潮流中后现代主义复杂的服饰文化现象。

法国女装从"重装"向"轻装"的演变则是在延续自己文化的基础上生成的，是一个渐变过程。尽管在这个过程中也有许多激烈的斗争，有多次新旧势力的较量，但它演变和发展的过程是主动的、内力型的，它的主体依然是法国服饰文化自身的更新和发展。

与中国不同的是，法国在近代就为女装的轻装化做好了各方面的准备，从思想解放、工业革命，到政治改革、信息传播……应该说法国女装的"轻装"化发展是系统主动的自我更新。法国大革命建立了资产阶级共和国，确立了资本主义制度，在废除了封建的服饰等级制度的同时，也对女装的样式、结构提出了新的要求。法国女装从"重装"向"轻装"演变的背景，不仅是与新的科学技术引起的生活环境和生活方式的变化相联系的，而且是和与之相适应的社会形态、思想意识的变革相关联的。缝纫机的发明、化学染料的开发、人造纤维的问世、高级时装业的兴起、设计师的职业化、流行媒介的扩大带来的服饰流行的产业化等，这一切都与女装"轻装"化相关联，形成了法国近现代女装现代化发展的基础。近代法国女装是在其传统基础上的传承和革新，法国服饰文化并未从此割断，而是得到了重新地阐释和发展。这种改变历经漫长的过程，可以说整个19世纪作为现代文明的黎明期，从各个方面为20世纪新的生活方式的到来、为法国女装的转型和发展做着精神和物质上的准备。

在经历了一百多年的准备工作以后，发生在20世纪初的法国女装"轻装"化已经是水到渠成的事了。20世纪是法国女装为适应现代生活方式从"重装"向"轻装"急剧转变的时期。两次世界大战不仅没有阻断法国女装"轻装"化的脚步，反而成为这一过程的催化剂，更加推动了法国现代女装的发展。大战结束后，随着迪奥"新样式"的出现，法国经历了近20年对于现代女装从样式到结构的多方面探索，在20世纪60年代末、70年代初，法国开始了新一轮反传统的浪潮，这是一场服装领域自身的革命，它从完全相反的角度探讨了现代女装在样式、结构上发展的可能性。石油危机的冲击，日本设计风格的适时切入，使得法国女装已经在20世纪80年代末具备了女装多样化呈现的各种基础。20世纪90年代以后是法国女装再次探索新的发展方向的阶段。

近现代法国女装发展的一个显著特点是一批批优秀的服装设计师的杰出贡献推动了法国女装发展的车轮。活跃于各个历史时期的女装设计师们将自己的才能与时代需求相联系，不断探索女装的内涵和表现形式，创作出大量优秀的女装作品。大师们各历史时期的代表作极大地丰富了近现代法国女装的样式、结构。

总之，法国在大革命以后直到第一次世界大战爆发，主要处在从"重装"向"轻装"演变的准备时期，通过对自己服饰历史和传统的一系列的回顾和其他各方面的准备，终于在"一战"以后进入了一个急剧转变的时期，即"一战"直至20世纪60年代。在众多设计师的共同努力下，在进行了大量的对于女装样式、结构的探索的基础上，法国女装得到了长足的发展，基本完成了女装的"轻装"化。20世纪60年代以后，法国女装进入高速发展的现代化发展阶段，直到20世纪80年代，现代化的发展高度成熟，法国女装步入从现代向后现代的转型时期。20世纪90年代以来，实际上是法国女装后现代主义风格的发展时期，整个过程是一个积极探索、主动发展的过程。

4.3.3　演变步伐的差别

由于不同历史阶段经济发展水平、社会制度、思想文化等方面的不同，所以中法女装从"重装"向"轻装"演变的步伐也就具有显著的不同。

中国：1840—1919—1949—1978—至今

法国：1789—1914—1960s—1990s—至今

中国女装从"重装"向"轻装"演变大致可以分为四个阶段：第一次鸦片战争到五四运动之前，五四运动到新中国成立以前，新中国成立到中国改革开放以前，改革开放至今。在第一个阶段，中国女装基本上还没有摆脱传统的样式、结构，但因为外力的影响而不得不面临转变；第二个阶段则是一个在西方服饰文化冲击下的急剧转变的阶段；第三个阶段是一个封闭和消化吸收的阶段；第四个阶段又是一个迅速学习西方服饰文化并开始探索自己发展道路的阶段。

法国女装从"重装"向"轻装"的演变大致也可以分为四个阶段：法国大革命到第一次世界大战爆发以前；第一次世界大战爆发到20世纪60年代的年轻风暴以前；从年轻风暴、反体制运动到20世纪80年代的多样化时代；20世纪90年代以后。其中第一个阶段是一个长期的孕育和准备阶段，法国在各方面条件都基本成熟的情况下逐步地、自发地开始了从"重装"向"轻装"的演变，这是一个漫长的过程，其间也出现了多次反复；第二个阶段是一个由于外在环境的需要而迅速发展的时期，主要集中在 20 世纪初到 20 世纪 40~50 年代，一切都是延续前面的发展趋势，只不过两次世界大战更催化了"轻装"化进程而已；第三个阶段是法国女装进入现代化高速发展的时期；第四个阶段是法国女装进入后现代多样化发展的时期。

中法两国女装从"重装"向"轻装"的演变是逐步实现的：一，把女性从束缚肉体的"紧身胸衣"和"三寸金莲"的禁锢中解放出来，回归女性肉体的自然形态。法国是在 1910 年前后解决的，中国是在 20 世纪上半叶解决的。二，从限制四肢活动的装饰过剩的传统女装中解放出来，向便于活动的、符合快节奏现代生活方式的女装样式发展。三，排除服装上的社会性差别，削弱阶级差异和性别差异。四，实现女装的成衣化生产。这是在现代科学技术和市场经济发展的基础上完成的。法国在 20 世纪 50 年代最终完成了女装的成衣化问题，中国是在 20 世纪后叶的改革开放以后。

从上述比较我们可以看出，中国女装从"重装"向"轻装"的演进时间短，步子大。20 世纪上半叶是中国女装在样式、结构上从"重装"向"轻装"演变的关键时期，在如此短的时间内，要完成对于具有深厚传统的中国女装的"轻装"化转变是极其艰难的。从政治制度的变革、思想层面的准备，经济技术的发展，到女装样式、结构的成熟，在法国经历了长时间的酝酿和发展，但在 20 世纪初的中国却只用了短短的三四十年，这种情形在服装史上极其少见。中国女装在现代化进程中的许多任务并没有完成，许多问题还有待于解决，这也注定了中国女装在以后的发展过程中必然余震未了。

由此可见，尽管近现代中法女装在样式、结构上的发展殊途同归，都经历了从"重装"向"轻装"的发展历程，但是其发展的基础、动力、步伐和轨迹不同，其历史背景有巨大差异。中国女装是在摒弃传统、基本西化的基础上实现"轻装"化的。在这个过程中，中国自己的服饰文化传统已经断裂，基本上是在全盘学习西方的服饰文化的基础上发展的。由于对西方服饰文化传统的了解不深，以及两种社会、两种文化本来存在的差异性，致使在学习和发展的过程中难度更大，其中存在着传统与现代、中国与西方不同层面的断裂和衔接。而法国则是在自己的服饰文化传统的基础上发展的，是一种自然而然、顺理成章的传承。它通过一系列政治、思想、经济、市场、文化等方面的变革，吸取其他民族不同形式的服饰文化，兼容并包，去芜存菁，在社会的发展过程中逐步形成了现代女装"轻装"的形态。

4.4 从"重装"到"轻装"引发的思考

通过比较，我认为：近现代中法女装从"重装"走向"轻装"是历史发展的必然结果。因为无论是法国社会还是中国社会，现代化都是历史发展的必然。而从"重装"到"轻装"作为女装领域现代化的一个组成部分，正是反映历史变迁的一面镜子，因此也是服饰文化发展的必然结果。

对于人类文明的发展而言，现代化既是一种历史必然，也是一种世界潮流，代表了人类文明的前进方向。对于不同国家和民族而言，现代化既是一种社会选择，也是一种历史责任。根据《中国现代化报告 2006》的研究，我们可以看出，现代化不以个人意志为转移，而是遵循客观规律，其进程始终是波浪式的，这由三个因素决定：即知识和技术创新的波动性、经济运行的波动性和人类思想、认识的波动性（创新和守旧的对抗）。现代化方式首先是对传统的继承和发展；其次是对传统的否定和批判；其三是重新建构和知识、制度创新。在现代化的不同阶段，这三个方面的重要性各有侧重。现代化主要体现为生活方式、生活和社会环境的积极性变化。根据过去 300 年的历史经验，现代化可以分为"先发型"和"后发型"；其中现代化的"先发型国家"具有竞争优势，因为它可以引导世界潮流、利用世界资源、制定世界规则；"后发型国家"具有后发效应，因为它可以借鉴和利用"先发型国家"的成功经验和先进技术，减少失误。但在国际社会的竞争中，后发效应的作用不能被过高估计，"后发型国家"需要提高国际竞争力和鉴别能力，以避免被利用、操纵和误导。现代化没有最佳模式，虽实质和方向相同，但形式和路径多样。

中国女装的"轻装"化作为现代化的一部分，属于"后发追赶型"，它遵循世界女装现代化的基本规律，但同时又面临传统与现代、东方与西方文化碰撞的双重压力。

在比较的过程中我们也发现，20世纪之初，中国女装就面临着坚持传统和学习西方的矛盾，今天的中国服饰文化仍要面对这一问题。"五四"时期西方的科学民主思潮在中国传播，学习西方的先进文化是在当时的历史语境下做出的选择，具有其历史必然。由于各方面条件的限制，这种学习历经坎坷却并不深入，因此即使在今天看来，学习西方的具有现代化特征的女装仍对我们具有重要的现实意义。

但同时我们也必须看到20世纪所造成的中国传统服饰文化的断裂问题。在20世纪上半叶这一断裂还不明显，但20世纪后半叶，尤其是"文革"极左思潮影响下的特殊政治环境，几乎彻底地摒弃了自己的传统文化。面对今天经济全球化的挑战，我们需要认真考虑重建民族服饰文化的问题。当然，这是对全球文化有了总体了解以后确立的民族性，而不是狭隘的民族主义、"国粹主义"和西方为我们设定的"东方主义"。狭隘的民族主义是画地为牢、固步自封；西方的后殖民主义在西方文化中心的基础上设定的东方文化视角，则是一种霸权文化的产物，是对西方理性文化的补充。

西方在几百年的工业化过程中，自然科学领域的巨大成功，使人们以为其在一切领域都无所不能，过分强调了科学与工具理性的作用，造成了科学万能、人文精神失落、信仰危机、人性的单维化等一系列问题。带着这些问题，西方社会在工业化的后期甚至后工业时期开始认真审视东方文化，他们希望通过对异质文化的选择、吸收来弥补自身文化的不足。

而我们则处在现代化的发展阶段，我们面对的现实不是西方的后工业社会，而是中国的工业社会的发展问题。我们的问题非常复杂，因为我们的社会与文化是多元的、混杂的，但在相当长的一段时间内我们的中心使命是现代化。因此，只有从自己的现状出发，才能找到民族服饰文化发展的正确道路和前途。如果我们对传统服饰文化的选择和评判是以他人为标准，那么势必事与愿违。作为"后发追赶型"国家，我们和西方不同的是：我们有了一个更高的角度，西方曾经走过的服装现代化道路，可作为我们的重要参照系。但我们又面临与西方不同的两难困境：一方面是要完成服饰文化现代化，另一方面是要面对西方后现代服饰文化的冲击；一方面要继承传统服饰文化，另一方面要学习西方的异质服饰文化。

任何理论意义上的文化中心论，任何以某个特殊文化为普遍"中心"的做法都是不可取的。联合国教科文组织将文化作为人类的共同财产，但是很多国家所强调的则是自身文化传统的独特性。这两种观点反映的恰是全球化进程中普遍性和特殊性之间的基本关系。一方面，文化有独特性；但另一方面，普遍性终究要在一个更高的层面上化解这一特殊性。一种文化之所以有价值，并不只是因为它独具特色，更是因为它以自己的方式表现出其他社会和文化也同样关注的一些价值，因而对其他社会和文化有借鉴意义。

当前对于现代性问题的探索已经脱离了一元化的理论体系，很多关于现代性问题的理论正在不断形成。在当今的世界文化格局中，一种文化完全占据主导地位是不可能的，各民族的文化处于多元并存的状态中，它们一方面相互交融，另一方面又保持自己的特色。在世界经济一体化背景下关起门来抱残守缺予以对抗是不现实的。只有以更开放的心态，了解西方文化，也让西方真正了解中国文化，才能找到中国文化的定位，才能找到进行平等对话、交流的方式。也就是说，我们坚持的是更高视野上的民族性。这种民族性在全球一体化的过程中必然存在某种文化的对抗和竞争。要突破西方国家的强势话语权力，我们必须对中国传统文化进行系统的选择、改造、重铸。它绝非传统文化的封闭继承，也不是西方文化的简单搬用，而是对这两者的创造性重建。我们今天至少面对着三重文化传统：中国古代文化，中国特色社会主义新型文化，西方（欧美）文化。这三个体系始终在以自己的方式传承、运作，形成多元并举的文化格局。

纺织和服装是中国经济的一个重要组成部分，该领域在全球市场中也具有领导地位，根据《纺织品和服装协定》，WTO成员准备取消配额和降低关税，配额将通过分阶段进行而最终取消。在这样一个巨大的市场和巨大的发展机遇面前，中国的服装业在发展策略、理论研究和设计创新方面的投入是远远不够的。一方面，经过20多年来改革开放发展，今天的中国已经成为一个为世人所瞩目的世界工厂；但另一方面，目前的中国服装出口主要还只是停留在低附加值的服装加工和低价位的服装品牌上。中国在近年来的发展当中，一直没有能够打入国际市场的一流品牌，主要靠为国外企业生产代工赚取加工费，或者是靠出口利润极低的低档服装赚取外汇，这种状况所造成的后果是：粗放型和高密度的生产模式耗费了我国大量的资源，造成了日益严重的环境污染和生态破坏，而巨额的商品品牌附加值则被别人赚走了，我们在服装行业的投入与产出比跟发达国家相比存在巨大的差距。造成这种状况的原因是多方面的，其主要原因是我们的服装产业缺乏创新能力，缺乏国际市场经验；缺乏服饰文化基础研究和对前沿问题研究的学术成果，对于服装产业的宏观指导作用不够；社会整体的环境还没有对服饰文化和服装产业形成足够的支持。

长期以来，国内对于作为文化创意产业重要组成部分的服装设计认识和重视不足。而与此同时，英国、法国、美国等西方发达国家却都在其服装专业领域给予了诸多政策支持和保护，以促进其研究机构在服装理论、服装市场和服装设计创新等方面拥有国际竞争力，抢占即将形成的全球化市场的战略制高点。例如在英国政府的支持下，从 1997 年开始，服装设计成为英国最主要的创意产业之一，得到了资金、政策、人员等各方面的扶持。由设计师、博士研究生和教师共同组成的研究团队，专门致力于保证英国设计引领国际时尚和服装全球化市场的研究，大力推动服饰文化的发展。类似情况在其他一些发达国家也已出现。

今天全球化市场条件下的国际竞争依靠的是前瞻性的理念、深入的市场研究、产品的创新力和先进的技术保障。当代服装不仅具有浓厚的文化意识形态背景，先进的科学技术支持，而且受市场规律的严格制约。今天的中国服装业是对国计民生产生巨大影响力的重要产业，要使中国服装业在新一轮的全球化国际市场竞争中占据有利位置，必须做到知己知彼，确定明确而正确的发展思路。当今国际服装市场的主流是西方的服饰文化，要进入这个市场，首先必须对西方服饰文化做深入的研究；但仅仅了解西方服饰文化，紧跟在西方的后面是远远不够的，以本民族的文化为背景，创造出独特的符合时代和国际市场需求的服饰文化是中国服装业发展的唯一出路。在这样的情况下，近现代中法女装样式、结构比较研究的现实意义和重要性不言自明。在全球经济一体化的市场当中，只有通过创新，掌握和影响国际流行时尚的方向，才能引导和左右国际时尚产业的发展趋势，才能在国际市场的角逐当中立于不败之地，也才能树立中国服饰文化的良好形象。

面对当代中国服饰文化的困境，我相信任何成功或失败的理论探索都是有意义的。特殊的历史境遇和国际社会的现状，注定了中国服饰文化的发展不会是一条坦途。因此，了解中法女装在近现代发展过程中的异同，在知己知彼的情况下，审时度势，确定今后中国服装业的发展策略，提高服装创新能力，有助于我们理性地角逐于当代国际服装市场。美国的政治学家亨廷顿预测 21 世纪文化的冲突将代替政治冲突，虽然这只是一种可能性，但却昭示了各民族各文化之间通过对话互相了解、和平共处的重要性。在比较中我们发现，在中西方文化开始并不对等的"交流"的进程中，任何把中国文化纳入西方轨道或是把西方学术范畴强加于中国的做法都是不可取的，这让我想到了北大学者王岳川先生的见解："要找出一条转型性创造的学术文化之途，找到学术文化的普遍理性形式，以使东西方文化思想得以沟通和互补。……面对中国文化的当代处境并寻求解救之方，是每一个正直而有良知的现代知识分子的学术追求。这包括两个问题，一是如何在世界全球化中保持民族精神，清醒地分析和选择西方文化中的精华部分，为中国现代化标示其前景；二是中国传统文化转型性创造与批判性重建问题，只有通过转型性创造，才能发挥民族文化生命的原动力，焕发精神生命跃动中的内在光辉；只有通过批判性价值重建，才能在批判的反思中发现新世纪中国文化的曙光。文化，无论东方还是西方，既要批判别人，也要接受别人的批判。在这个意义上，学术思想文化研究是文化意义的命名和精神价值的重估。"在一百六十多年的时间中，中国是一个"受到过太多太深的思想体系冲击甚至左右的民族，如果不形成一种高屋建瓴，汇纳百川，取精去糟，脚踏实地，立足民族，面向世界和未来的，逻辑一贯的思想体系，是绝不可能真正实现对自我的超越的。"

通过比较我们可以看出，无论是中国还是法国，当代女性服饰文化的概念和面貌主要形成于 20 世纪，尤其与两次世界大战和女性解放运动密切联系。而这种概念和面貌的核心就是实现了女装从"重装"到"轻装"的转变，使女性不仅获得了身体的解放，而且获得了精神的解放。关注这一重要转折，不仅可以深刻地透视中法两国的传统服饰文化和相互间的融合，而且可以从中剥离出依然影响着当今中西方服饰文化的深层因素，更加清晰地认识今天中西方服饰文化的现实处境。从这个意义上讲，近现代中法女装从"重装"到"轻装"的比较研究意义深远。

"从'重装'到'轻装'——近现代中法女装样式结构比较"只是研究近现代女装现代化的一种视角，而不是研究其现代化的全貌，因为现代化是非线性的、复杂的。所以，本项研究只是开头而不是结束，希望能由此引发更多的研究和探讨。

注 释

1.又据1049页的解释："式样，人造的物体的形状：各式各样的衣服。"再据《辞海（缩印本）》（上海辞书出版社1980年版）1302页的解释："样：①形状、模样。张有《送走马使》诗中写道：新样花纹配蜀罗"。②式样。如图样、榜样，依样画葫芦。③品种、类别。沈宜修《茉莉花》诗中写的是"梅花宜冷君宜热，一样香魂两样看。"又据其228页的解释："文学的体裁又称'样式'，指文学作品的类别，如诗、小说、散文、戏剧等。在每一种文学体裁中按作品体制、长短、大小划分，小说又有长篇、中篇、短篇小说，戏剧有多幕剧、独幕剧等；按作品的内容、性质划分，诗中有叙事诗、抒情诗等，戏剧有悲剧、喜剧、正剧等，散文中有随笔、小品、杂文、报告文学等。文学体裁是随着历史发展的不断丰富而发展的。"

2.例如：the latest styles in trousers/ in hair-dressing. 最新的裤子式样（发式）。4[C] general appearance, form or design; kind or sort: 一般的外表、形式、图案或设计；种；类：made in all sizes and styles; 照各种尺码及种类制造的；this style, 18.50. 这种的18镑半。

3."Style"一词来自拉丁语，原文是"尖笔"的意思，引申为表示"书体或语言"。最初作为文学用语，用作表示作家的文体，后来逐渐用作表述绘画、戏剧、音乐等所有艺术表现形式，并扩展到建筑、时装、室内装饰等领域，可以译作"样式"。概括来讲，把握某种事物一定的共同特质的时候用"Style"。

4.黄能馥、李当岐、臧迎春、孙琦编著：《中外服装史》，武汉，湖北美术出版社，2002年版，第62页。

5.沈从文：《中国古代服饰研究》，香港，商务印书馆香港分馆，1981年版，第518页。

6. 同上。

7.所谓"妙莲"，就是较为莲迷们普遍接受的金莲美的标准，即"瘦、小、尖、弯、香、软、正"七字诀。"瘦"指的是小脚整个形体要瘦窄，背宜薄、踵宜狭；"小"指的是小脚形体要短小、窄薄；"尖"指的是脚尖部分要尖细；"弯"指的是小脚因折腰、凹心形成的弓弯，要弯得巧妙自然，富有神韵；"香"指的是金莲要干净洁白，蕴含芳馥之气；"软"指的是金莲要不肥不瘦，触摸上去柔若无骨，光滑细腻；"正"指的是小脚周正匀称，不歪不斜，不偏不倚。

8.李楠：《绝世金莲》，济南，花山文艺出版社，2005年版，第24页。

9. 柯基生：《金莲文化序说》，《绝世金莲》，花山文艺出版社，2005年版，第161页。

10.冯骥才：《为大地的一段历史送终》，《绝世金莲》，花山文艺出版社，2005年版，第10页。

11.从出土文物及传世文献来看，早在春秋时期就有裤子出现，那时的裤子不分男式女式，都只有两只裤管，其形制和后世的套裤差不多，穿的时候套在胫上，即膝盖以下的小腿部分，所以这种裤子又被称为"胫衣"。

12.康有为：《请断发易服改元折》，《中国近代史丛刊·戊戌变法资料Ⅱ》。

13.杨联芬：《清末女权：从语言到文学》，《文艺争鸣》，2004年版，第7页。

14.1896年，传教士办的《万国公报》，号召"广女学"、"戒缠足"；1897年，《时务报》先后发表梁启超倡导女权与女学的《记江西康女士》、《变法通议·论女学》、《倡设女学堂启》等。

15.李当岐编著：《西洋服装史》，北京，高等教育出版社，2005年版，第231页。

16.同上。

17.同上。

18.李当岐编著：《西洋服装史》，第232页。

19.英语为pannier，意为行李筐、背笼。因其形似马驮东西时的背笼而得名，用鲸须、金属丝、藤条或较轻的木料和亚麻布制作。

20.1770年，出现了两边带合页装置的铁丝做的"帕尼埃"。两侧用带子连接的铁架子可以自由开合，必要时向上收拢变窄，而后又放开变宽。另外，在1750年左右，还出现一种叫作"双帕尼埃"（Pannier Double）的裙撑，与一般左右连为一体的帕尼埃相比，这种"双帕尼埃"被做成左右两个，中间用绳子或带子系在身上。

21.公元79年8月因维苏威火山爆发，意大利那不勒斯附近的赫库兰尼姆和庞贝两都市被湮没，在18世纪中叶的考古发现后又被发掘出来，后来随着希腊和小亚细亚地区古代遗址的发现、勘察和考古研究的兴起，引起人们对古代新的、比过去更大的科学兴趣，在文艺思潮上形成了新古典主义（Neoclassical）。

22.新古典主义时期分为前后两个时期，前期（1789~1804）包括法国大革命时期、督政府执政时期和三执政官执政时期，是法国革命后的混乱期；后期（1804~1825）为拿破仑的第一帝政期和王朝复辟初期。

23.这个词来自意大利语crinolino，其中crino指马毛，lino指麻。

24.法国称"巴塞尔"为"托尔纽尔"（Tournbre），法国以外的国家称之为"克尤·德·巴黎"（Cul de Paris，巴黎的屁股）。"巴塞尔"样式虽然在历史上已是第三次出现，但"巴塞尔"这个名称的使用却是在19世纪30年代。

25.所谓"哥特式"——Gothic，是文艺复兴时期意大利人对中世纪建筑等美术样式的贬称，含有"野蛮的"意思，这是发祥于北法兰西、普及于整个欧洲的国际性艺术样式，包括绘画、雕塑、建筑、音乐和文学等所有文化现象，垂直线和锐角的强调是其特征。

26."省"在英语中称作"Dart"，是"梭枪、梭镖"的意思。

27.李当岐：《西洋服装史》，第272—273页。

28.1804年，拿破仑称帝，拿破仑宫廷中的女装进入"帝政样式"时代。所谓的帝政样式（Empire Style），其实是前一时期新古典主义样式的延续和发展，其基本造型仍是高腰身，细长裙子。

29.内衣的发展是近代女装另一大特点。拿破仑帝政时代，浴衣和内衣变得非常重要。这时期主要的内衣有贴身长衬裙、衬裤、庞塔龙和紧身胸衣等。

30.首先觉醒的是新兴知识分子群体。近代知识分子宣传民主革命学说，以报刊为重要阵地，创办了《江苏》、《浙江潮》、《苏报》、《中国白话报》等20多种政治性刊物；还出版发行了陈天华的《警世钟》、《猛回头》，邹容的《革命军》等宣传民主革命思想的小册子130余种。资产阶级、小资产阶级知识分子还翻译了不少西方资产阶级的社会政治著作，蔡元培翻译了德国科培尔的《哲学要领》，严复翻译了赫胥黎的《天演论》、亚当·斯密的《原富》等著作。

31.影响较大的有兴中会、华兴会、科学补习所和光复会。

32.孙中山提出"驱除鞑虏，恢复中华，创立民国，平均地权"作为政治纲领。

33.所谓"倒大袖"是指袖短露肘或露腕，上窄下宽呈喇叭形，袖口一般为七寸。

34.海派旗袍是指当时上海地区所流行的受西方服饰影响较大的旗袍。

35.京派旗袍是指当时北京地区所流行的相对比较传统的旗袍。

36.《剪辫易服说》，《辛亥革命前十年间时论选集》第一卷上册，第473、474页。

37.马建东：《女子剪发与服装的讨论》，《民国日报》，1920年4月10日。

38.杨联芬：《清末女权：从语言到文学》，《文艺争鸣》，2004年版，第7页。

39.王受之：《世界时装史》，北京，中国青年出版社，2002年版，第69页。

40.1947年2月2日，被美国时装编辑卡梅尔·斯诺称为"新样式"。

41.李当岐：《西洋服装史》，第365页。

42.关于文化的含义，学者邓炎昌认为：文化是指一个社会所具有的独特的信仰、习惯、制度、目标和技术的总模式，……指的是一个社会的整个生活方式，一个民族的全部生活方式。学者李慎之概括道："所谓民族文化，无非是一个民族在其存在过程中发展出来的一种认知世界与改造世界的方式与成果。"美国社会学家大卫·布朗（David Brown）的说法：文化是占据特定地理区域的人们共同所有的信念、习惯、生活模式和行为的集合体。简言之，文化是群体的多数所接受的生活的指南。

43.《中国现代化报告2006》，北京，中国社会科学院，2006年，第5页。

44.包括科学、民主、自由、法制和市民社会思想、保守主义、个人主义、功利主义、空想社会主义和工业社会思想等。

45.包括孔德的实证社会学、斯宾塞的进化社会学、涂尔干的普通社会学（社会学学派）、马克思的科学社会主义、韦伯的理解社会学、齐美尔的历史和文化社会学、社会心理学、人文社会学、社会人类学和符号互动理论等。

46.包括结构功能主义、城市社会学、福利社会学、医学社会学、知识社会学、激进社会学、日常生活的社会学、符号互动理论、冲突理论、交换理论、批判理论、系统理论、现代性理论、现代化理论、女权主义理论、结构主义和社会指标等众多的理论流派；古典社会学只是教科书中的内容。

47.包括后现代社会、信息社会、知识社会、生活质量、多元化、多样化、全球化和新现代化等。

48.在工业社会时代的前期，启蒙运动的社会思想继续发展和传播，促进了人类社会的思想进程。在工业社会时代的中期，古典社会学破土而出，实证社会学、社会进化论、保守主义、功利主义、自由主义、民族主义和现实主义等社会思想快速发展。在工业社会时代的后期，现代社会学的思想流派纷呈，包括结构功能主义、城市社会学、福利社会学、医学社会学、知识社会学、激进社会学、日常生活的社会学、符号互动理论、冲突理论、交换理论、批判理论、系统理论、现代性理论、现代化理论、社会转型理论、传媒理论、结构主义和社会指标等；关于发展中国家的社会发展研究，如发展社会学和依附理论等，也受到重视。

参考文献

［1］[美]安妮·霍兰德.性别与服饰［M］.魏如明等译.北京：东方出版社，2000.

［2］Baudot, Francois . A Century of Fashion［M］. London: Thames& Hudson, 1999.

［3］包铭新，马黎等.中国旗袍［M］.上海：上海文化出版社，1998.

［4］包铭新，刘亭等.法国高级女装［M］.上海：上海文化出版社，1998.

［5］Black & Garland .A History of Fashion［M］. London: Orkis Publishing,1975.

［6］[英]伯特兰·罗素.西方哲学史［M］.何兆武、李约瑟、马元德等译.北京：商务印书馆，
1982.

［7］Breward, Christopher.Fashion［M］. London: Oxford University Press,2002.

［8］Breward, Christopher and Edwina EHrman and Caroline Evons. The London Look: Fashion From
Street to Catwalk［M］. Yale University Press,2004.

［9］Buxbaum, Gerda. Icon of Fashion-The 20th Century［M］. London: Prestel Munich,1999.

［10］Campione, Adele. II Cappello Da Donna［M］. Chronicle Books, 1989.

［11］陈瑞林.20世纪装饰艺术［M］.济南：山东美术出版社，2001.

［12］[法]丹纳.艺术哲学［M］.合肥：安徽文艺出版社，1991.

［13］[英]丹皮尔.科学史及其与哲学和宗教的关系李珩译［M］.北京：北京大学出版社，1975.

［14］[美]丹尼尔·贝尔.资本主义文化矛盾［M］.赵一凡等译.北京：三联书店，1989.

［15］邓福星.中西美术比较十书［M］.石家庄：河北出版社，2000.

［16］[澳]德西迪里厄斯·奥班恩.艺术的涵义［M］.上海：学林出版社，1985.

［17］Davis, Richard （2002）, Black in Fashion, V&A Publications.

［18］Donald, Diana （2002）, Followers of Fashion, London: Prints from the British Museum.

［19］[日]东海晴美.葳欧蕾服装设计史［M］.邯郸出版社，1993.

［20］[法]Drege, Jean Pierre. 丝绸之路——东方与西方的交流传奇［M］.吴岳添译, 上海：上
海书店出版社，1998.

［21］[英]E·H·贡布里希.秩序感—装饰艺术的心理学研究［M］.长沙：湖南科学技术出版社，
2000.

［22］Bérénice Geoffroy-Schneiter. Ethnic Style-History and Fashion［M］. Assouline,2001.

［23］[美]房龙.人类的艺术（上、下）［M］.北京：中国和平出版社，1996.

［24］冯友兰.中国哲学简史［M］.北京：北京大学出版社，1996.

［25］高华.百年现代化三题［M］.许江主编.人文中国[M].杭州：中国美术学院出版社，2003.

［26］高瑞泉.现代性与中国文化精神的近代转向［M］.许江主编.人文中国[M].杭州：中国美术学院出版社，2003.

［27］葛红兵.20世纪中国文学的现代性进程［M］.许江主编.人文中国[M].杭州：中国美术学院出版社，2003.

［28］[德]格罗塞.艺术的起源［M］.北京：商务印书馆，1996.

［29］Haye，Amy.Fashion Source Book［M］. London: Quarto Publishing plc,1988.

［30］[美]H·H·阿纳森.西方现代艺术史［M］.天津：天津人民美术出版社，1994.

［31］Horn，Marilyn J. The Second Skin［M］. Boston: Houghton Mifflin Company,1968.

［32］黄河清.全球化与一个民族的文化个性［M］.许江主编.人文中国[M].杭州：中国美术学院出版社，2003.

［33］黄能馥，陈娟娟.中华服饰艺术源流［M］.北京：高等教育出版社，1994.

［34］黄能馥，陈娟娟.中国服装史［M］.北京：中国旅游出版社，1995.

［35］翦伯赞.中国史纲要（上、下）［M］.北京：人民出版社，1995.

［36］蒋锡金.中国哲学史[M]、欧洲哲学史［M］.长春：吉林文史出版社，1990.

［37］Kohler, Carl. A History of Custom［M］. New York: Dover Publication Inc,1963.

［38］梁京武，赵向标.老广告［M］.上海：龙门书局，1999.

［39］雷颐.被延误的现代化——晚清变革的动力与空间［M］.许江主编.人文中国[M].杭州：中国美术学院出版社，2003.

［40］李当岐编著.西洋服装史［M］.北京：高等教育出版社，1995.

［41］李当岐.服装学概论［M］.北京：高等教育出版社，1998.

［42］李当岐编著.西洋服装史［M］.北京：高等教育出版社，2005.

［43］[日]利光功.包豪斯—现代工业设计运动的摇篮［M］.北京：中国轻工业出版社，1988.

［44］林语堂.中国人［M］.伦敦：威廉·海涅曼公司，1936.

［45］[美]李欧梵.徘徊在现代和后现代之间［M］.上海：上海三联书店，2000.

［46］[美]李欧梵著.上海摩登——一种新都市文化在中国1930~1945［M］.毛尖译.北京：北京大学出版社，2001.

［47］[美]李欧梵.未完成的现代性［M］.北京：北京大学出版社，2005.

［48］[英]李约瑟.中国科学技术史［M］.何兆武等译.北京：北京科学出版社、上海：上海古籍出版社，1990.

［49］刘瑞璞.世界服装大师代表作及制作精华［M］.南昌：江西科学技术出版社，1998.

［50］[法]卢梭.社会契约论［M］.何兆武译.北京：商务印书馆，1985.

［51］[美]鲁·阿恩海姆.艺术与视知觉［M］.北京：中国社会科学出版社，1984.

［52］马国亮.良友忆旧——一个画报与一个时代［M］.北京：三联书店，2002.

［53］[法]马克·第亚尼.非物质社会—后工业世界的设计、文化和技术［M］.成都：四川人民出版社，2001.

［54］[德]玛克斯·德索.美学与艺术理论［M］.北京：中国社会科学出版社，1987.

［55］[法]马法基亚著.比较文学［M］.颜保译.北京：北京大学出版社，1983.

［56］Martin, Richard and Harold Koda. Haute Couture［M］. New York: The Metropolitan Museum of Art, Distributed by Harry N.Abrams Inc.1995.

［57］Martin, Richard. Cubism and Fashion［M］. New York: The Metropolitan Museum of Art, Distributed by Harry N. Abrams Inc,1999.

［58］Mcdermott, Catherine. C20th Design［M］. London: Carlton,1999.

［59］Michael and Ariane Batterberry. Mirror Mirror: A Social History of Fashion［M］. New York: Holt, Rinehart and Winston,1977.

［60］[法]孟德斯鸠.论法的精神［M］.张雁深译.北京：商务印书馆，1963.

［61］Payne. History of Costume［M］. New York: Harper & Row Publishers,1965.

［62］祁嘉华.中国历代服饰美学［M］.西安：陕西科学技术出版社，1994.

［63］上海市历史博物馆编.走在历史的记忆里——南京路1840’s~1850’s［M］.上海：上海科学技术出版社，2000.

［64］沈从文.中国古代服饰研究［M］.香港：商务印书馆香港分馆，1981.

［65］Sirop, Dominique（1989），Paquin, Adam Biro.

［66］Steele, Valerie. Paris Fashion – A Culture History［M］. London: Oxford University Press,1988.

［67］Steele, Valerie. Woman of Fashion-Twenty Century Designers［M］. New York: Rizzoli,1991.

［68］Steele, Valerie and John S. Major. China Chic-East Meets West, New Saven & London: Yale University Press, 1999.

［69］Steele, Valerie.The Croset: A Cultural History［M］. New York: Yale University Press,2001.

［70］[美]斯塔夫里阿诺斯.全球通史（上、下）［M］.吴象婴、梁赤民译.上海：上海社会科学院出版社，1988.

［71］孙中山.孙中山选集［M］.北京：人民出版社，1981.

［72］The Collection of the Kyoto Costume Institute. Fashion: A History From 18th to the 20 Century［M］. TASCHEN Koln London LosAngeles Madrid Paris Tokyo,2002.

［73］Tulloch, Carol. Black Style［M］. London: V&A Publications,2004.

［74］［美］王受之.世界现代设计史［M］.深圳：新世纪出版社，1995.

［75］［美］王受之.世界时装史［M］.北京：中国青年出版社，2002.

［76］王松亭.西方服饰史［M］.长春：吉林美术出版社，1993.

［77］Wilcox, Claire and Valerie Mendes. Modern Fashion in Details［M］. London: V & A Museum, 1991.

［78］Windels, Veerle. Young Belgium Fashion Design［M］. Ludion Ghent-Amsterdam,2001.

［79］Worsley, Harriet （2000）, DECADES OF FASHION［M］. London: Konemann Verlagsgesellschaft mbH,2000.

［80］［日］小池千枝.服装设计学［M］.台湾：美工图书社，1992.

［81］肖锦龙.中西文化深层结构和中西文学的思想导向［M］.北京：中国社会科学出版社，1995.

［82］［法］西蒙·娜·德波伏娃.第二性［M］.陶铁柱译.北京：中国书籍出版社，1998.

［83］严复.严复集［M］.北京：中华书局，1986.

［84］杨源.中国服饰百年时尚［M］.呼和浩特：远方出版社，2003.

［85］臧迎春.中国传统服饰［M］.北京：五洲出版社，2003.

［86］张法.中华性：中国现代性历程的文化解释［M］.许江主编.人文中国[M].杭州：中国美术学院出版社，2003.

［87］张乃仁，杨蔼琪.外国服装艺术史［M］.北京：人民美术出版社，1992.

［88］周峰.中国古代服装参考资料［M］.北京燕山出版社，1987.

［89］周锡保.中国古代服饰史［M］.北京：中国戏剧出版社，1986.

［90］周汛，高春明.中国历代服饰［M］.上海：学林出版社，1983.

［91］周汛，高春明著.中华服饰五千年［M］.台北：商务印书馆香港分馆、学林出版社，1987.

［92］周汛，高春明著.中国历代妇女妆饰［M］.上海：三联书店（香港）有限公司、上海学林出版社，1988.

［93］周汛，高春明.中国古代服饰大观［M］.重庆：重庆出版社，1995.

［94］周汛，高春明.中国衣冠服饰大辞典［M］.上海：上海辞书出版社，1996.

［95］朱狄.信仰时代的文明——中西文化的趋同与差异［M］.北京：中国青年出版社，1999.

［96］朱光潜.西方美学史［M］.北京：人民文学出版社，1979.

［97］朱红文.工业、技术与设计［M］.郑州：河南美术出版社，2000.

［98］朱维铮，龙应台.维新旧梦录：戊戌前百年中国的自改革运动［M］.北京：三联书店，2000.

［99］宗白华.美学散步［M］.上海：上海人民文学出版社，1981.

附　录

中英文人名对照

本附录汇集了本文中提到的外国人名如下：

豪（Elias Haue）

帕肯（William Henry Parkin）

查尔东耐（Chardonnet）

查尔斯·夫莱戴里克·沃斯（Charles Frederick Worth）

普朗歇（James R．Planche）

拉克罗阿（Paul Lacro）

路易·波拿巴（Charles LouIis Napoleon Bonaparte）

欧仁妮（Engenie）

嘎歇·萨罗特夫人（Madam Gaches Sarraute）

斯潘塞伯爵（G·J·Spencer）

拉威纽（A.Lavigne）

阿美丽亚·布尔玛（Amelia Jeanks Bloomer）

杰克·多塞（Jacques Doucet）

卡罗（Callot Soeurs）

保罗·波阿莱（Paul Poiret）

帕康（Paquin）

莱多芳（Charles Poyter Redfem）

费雷（Gianfranco Ferre）

皮尔·卡丹（Pierre Cardin）

亨利·福特（Henry Ford）

毕加索（Picasso）

布拉克（Braque）

康定斯基（Kandinsky）

蒙德里安（Mondrian）

布兰库斯（Brancusi）

达利（Dali）

马蒂斯（Matisse）

莱热（Leger）

布尔德尔（Bourdelle）

莫底里阿尼（Modigliani）

劳伦斯（Laurens）

杜尚（Duchamp）

达哈列夫（Diaghilev）

巴克特（Leon Baket）

玛利亚诺·佛图尼（Mariano Fortuny）

让·帕图（Jean Patou）

苏珊娜·蓝利（Suzanne Lenglen）

克里斯蒂·迪奥（Christian Dior）

安德莱·克莱究（Andre Courreges）

克里斯托巴尔·巴伦夏加（Cristobel Balenciaga）

可可·夏奈尔（Gabrielle Chanel，coco，"可可"是爱称，意为"可爱的家伙"）

安迪·沃霍尔（Andy Warhol）

伊夫·圣·洛朗（Yves Saint Laurant）

让·保罗·戈尔齐埃（Jean Paul Gaultier）

马林·迪特里斯（Marlene Dietrich）

凯瑟琳·赫本（Katharine Hepburn）

格里塔·嘉宝（Greta Garbo）

马歇尔·罗查斯（Marcel Rochas）

玛德莱奴·威奥耐（Madeleine Vionnet）

玛丽·克万特（Marry Quennt）

卡梅尔·斯诺（Carmel Snow）

皮尔·巴尔曼（Pierre Balmain）

杰克·法特（Jacques Fath）

葛莱夫人（Gres）

尼娜·莉奇（Nina Ricci）

简·戴塞（Jean Desses）

尤贝尔·德·纪梵希（Hubert De Givenchy）

里法特·奥兹贝克（Rifat Ozbek）

简奴·朗邦（Jeanne Lanvin）

埃尔萨·斯查帕莱莉（Elsa Schiaparelli）

简·帕特（Jean Patou）

爱德华·亨利·莫里奴（Edward Henri Molyneux）

帕克·拉邦纳（Paco Rabanne）

蒂埃里·穆勒（Thierry Mugler）

克劳德·蒙塔纳（Claude Montana）

克里斯蒂·拉克洛瓦克斯（Christian Lacroix）

阿扎丁·阿莱亚（Azzedine Alaia）

川久保玲（Rei Kawakubo）

塞尼费尔德（Senefelder Aloys）

艾玛纽埃尔·翁加罗（Emanuel Ungaro）

简·路易·谢莱尔（Jean Louis Scherrer）

马尔克·葆安（Morc Boan）

罗素（Bertrand Russell）

后　记

　　本书的写作始于 2002 年，历时四年，于 2006 年收笔。其间我辗转于北京、伦敦和巴黎之间，尤其是在伦敦的近两年时间里，我从大英博物馆（British Museum）、维多利亚和阿尔伯特博物馆（Victory & Albert Museum）、英国中央圣马丁艺术设计学院（CSM）、英国皇家艺术学院（RCA）收集了大量的研究资料，直面并亲历了当代国际社会发生的诸多艺术、设计现象，这些为本书的写作奠定了非常坚实的基础，并引发了我对于未来时尚的更加深入的思考。

　　借本书出版之际，我要深深感谢李当岐先生多年以来的殷勤教诲，他既是我的授业恩师，也在我最困难的时候给予了极大的鼓励和支持；感谢英国中央圣马丁艺术设计学院的 Jane Rapely 院长，皇家艺术学院的 Wendy Dagworthy 教授、东伦敦大学 AVA 学院的 Lucy Rider 教授，他们无私地给我提供了前沿而广阔的学术平台；感谢北京服装学院詹凯教授、朱琳琳女士为本书的写作和出版而给予的大力支持；感谢中国纺织出版社杨美艳女士的敬业和热情的帮助，终于使本书得以出版。